造价员小白成长记

海　洋◎编著

本书以职场指南穿插小故事的形式，讲述了从事造价工作的小白，怎样从北到南，从帝都到魔都在职场上一路过关斩将的总结思考和前行。工程造价是个磨砺品性的行业。每个人必须在工作中更沉稳、更耐心、更认真；必须保持着终身学习的热情和好奇心；必须有很好的身体，迎接各种繁重的加班；必须有乐观的心态，面对利益面前的各种人性……

本书可供造价及相关专业院校的在校学生、刚刚进入职场的造价及相关行业从业者、入职几年在理想和现实中挣扎的筑梦人阅读使用。

图书在版编目（CIP）数据

造价员小白成长记／海洋编著．—北京：机械工业出版社，2018.5（2020.11重印）

ISBN 978-7-111-59712-4

Ⅰ.①造…　Ⅱ.①海…　Ⅲ.①建筑工程－工程造价－通俗读物
Ⅳ.①TU723.3-49

中国版本图书馆CIP数据核字（2018）第077823号

机械工业出版社（北京市百万庄大街22号　邮政编码100037）
策划编辑：关正美　责任编辑：关正美　马碧娟
责任校对：张　力　责任印制：郜　敏
北京中兴印刷有限公司印刷
2020年11月第1版第4次印刷
169mm×239mm·10.25印张·157千字
标准书号：ISBN 978-7-111-59712-4
定价：39.00元

凡购本书，如有缺页、倒页、脱页，由本社发行部调换

电话服务	网络服务
服务咨询热线：010-88361066	机 工 官 网：www.cmpbook.com
读者购书热线：010-68326294	机 工 官 博：weibo.com/cmp1952
010-88379203	金 书 网：www.golden-book.com
封面无防伪标均为盗版	教育服务网：www.cmpedu.com

前　言

建筑的宿命必定是大地。

“这是最好的时代，这是最坏的时代；这是智慧的时代，这是愚蠢的时代；这是信仰的时期，这是怀疑的时期；这是光明的季节，这是黑暗的季节；这是希望之春，这是失望之冬；人们面前有着各样事物，人们面前一无所有；人们正在直登天堂，人们正在直下地狱。”

——狄更斯

你和我，平凡的每个人都有自己的人生使命、家庭使命、历史使命……作为一个建筑人，我们每个人在这个日新月异的工业4.0时代又有着自己义不容辞、无法逃避的行业使命，就像建筑的宿命必定是大地。建筑人的宿命注定和建筑行业息息相关。这个时代不停地有新的技术、新的管理方式、新的互联网科技，从方方面面冲击着建筑这个传统行业也冲击着行业里的每个人。这些对整个行业和每个建筑人都是一场考验。

作为建筑行业里的一员，有幸生活在全国最好的城市之一，现代化和国际化的魔都上海。有幸亲临建筑行业最快的变化现场，接触到这个行业里最优秀、勇敢的一批人。工程造价，是整个建筑行业里重要的一环，掌握着建筑周期的金钱命脉。无论是EPC（工程总承包）还是全过程控制，都对工程造价人员的综合素质提出了更高的要求。我们不仅仅要成为技术过硬的技术人员，更要成为具有谈判、管理、商务能力的综合型人才。这是这个时代也是这个行业对我们每个人的要求。

工程造价是个磨砺品性的行业。每个人都必须在工作中更沉稳、更耐心、更认真；必须保持着终身学习的热情和好奇心；必须有很好的身体，迎接各种繁重的加班；必须有乐观的心态，面对利益面前的各种人性……生活，对成年人而言，从来没有容易二字。

到底要有多少机缘巧合，你我才会选择建筑这个行业。而又有多少机缘巧合，我写下了这些文字，恰巧遇到了看文字的你。我就是你，和你一样，有着相同的困惑和迷惘，有着各种畏惧和执迷。终究有一天，我们都能更好地成为自己。在无数次的相遇、离别、重逢之后，请珍惜当下的每分每秒，珍惜你我相遇的这个瞬间，珍惜我们的时代和这个时代中我们每个人的建筑使命。

终有一天，我们会成为“金光闪闪”的工程师。

这些文字，有在下班时候的徐家汇星巴克连续一个月每天写两个小时写下的，有在清晨不眠的早晨写下的，有在黄昏听着窗外的风声写下的……写字的过程也是不断自我思考的过程。在时间的流逝中，遇到了很多的人，很多的事情。

写书也并不像想象中那么容易。在这里，CCTV 式地感谢，也是发自肺腑而绝非过场地感谢编辑关正美姐姐的耐心帮助，感谢发小中国美术学院毕业的康圣楠同学的插画，感谢小学跟我讲新月派诗人徐志摩的《再别康桥》的范红老师，感谢鼓励我的在看这本书的你们……

编　者

○ 目录

前　言

第一章　建筑结缘记 / 1

01　什么是建筑？
建筑是盖房子吗？/ 2

02　解密工程造价
工程造价是怎样一个专业？/4

03　对钢筋混凝土的态度
像玩游戏一样学习和工作 。/ 8

04　好习惯是关键
还在纠结早晨几点起床，怎么征服世界？/ 13

05　学好各种工程软件是必备技能
工程造价中的必杀技。/ 18

06　学好专业课是基础
专业课学习程度决定了未来高度。/ 20

07　造价必须考的那些证
开车有驾驶证、厨师有厨师证、造价也有必考的证。/ 24

08　看得远是前提
大学期间要思考自己的职业定位。/ 27

09　你要知道怎样好好说话
良好的沟通能力是工程师的基本功。/ 29

10　学好英语，做遍全世界造价项目都不怕
英语和造价之间的小秘密。/ 32

11　考研 or 出国
一起做道未来选择题。/ 35

第二章　慢慢来，比较快 / 38

01　你靠什么迎接残酷的生活？
为什么要学习一门技术？/ 39

02　开始的时候总是显得有点笨
学习一门技术的基本心态。/ 42

03　好的习惯助你成功
积累就是力量，慢慢来，比较快。/ 48

04　做好一件事情的基本方法
打拳有打拳的套路，做事有做事的方法。/ 51

05　怎样更好地思考
思考是给人们的最好礼物。/ 53

第三章　人人都是造价工程师 / 55

01　怎样看懂图样
看懂图样的唯一秘诀就是大量地看图。/ 56

02　工程量清单
什么叫工程量清单及其由来。/ 61

03　定额和清单的区别与联系
工程量清单必将取代单一的定额计价模式。/ 63

04　FIDIC（菲迪克）合同中的清单注意要点
在实施 FIDIC 合同条款时，应注意哪些事项？/ 65

05　建立自己的造价价格体系
每个公司都有自己的“询价小王子”“询价小公主”。/ 67

第四章　初入社会 / 71

01　找工作就像找白马王子
彼此合适才是真的合适。/ 72

02　简历就是看脸
在这个看脸的世界，你的简历要漂亮。/ 74

03　另辟蹊径找工作
投简历也许已经不是最好的找工作方式了。/ 76

04 面试就是聊天
开始的时候，我们都怕面试，面着面着，就不怕了。/ 78

05 刚工作，很想哭
化蛹成蝶的一瞬间，很痛。/ 80

06 师傅、师傅
我有很多师傅，这是我的荣耀也是我的运气。/ 82

07 半路出家，他山之石一样攻玉
高手是可以驾驭任何行业的，只要足够努力。/ 84

08 三线城市还是一线城市
珍惜人生入场券，赚取生活体验值。/ 86

09 造价师事务所还是施工单位或是地产公司
教你做这道造价员必须面对的选择题。/ 90

10 国内造价师事务所还是外资造价师事务所
不同的公司有不同的“脾气”。/ 92

11 论加班
没有通宵加班经历的造价员，人生是不够完美的。/ 96

12 南方造价和北方造价
全国造价一家亲，南北造价各不同。/ 100

13 检查是造价工作的生命线
没有检查这个环节就不是完整的造价工作。/ 103

14 甲方、乙方和第三方
“屁股”决定立场，立场决定造价。/ 106

第五章 造价学生 / 108

01 工程造价职业发展
你要走向何方？/ 109

02 全过程跟踪审计
深入造价的第一现场：工地。/ 110

03 待到他日做甲方
你要我替你吃饭么？/ 113

04 怎样突破年薪 30 万元

30 万元只是个数字，路还很长。/ 116

05 怎样做好 EPC 项目造价
EPC 更重的是责任，更远的是路。/ 120

06 装配式住宅的成本控制
像搭积木一样建房子。/ 122

07 造价机器人来了，你准备好了吗？
机器人会取代你吗？/ 127

08 做造价最难的和最高级的是什么？
愿你努力认真有回报，愿你善良而有锋芒。/ 129

09 BIM 时代的造价工程师
是场大逃亡还是阳春白雪的畅想。/ 131

10 如何用工程项目目标控制方法控制你的人生
控制是每个人的毕生追求。/ 134

11 颜值即正义，工程师穿搭指南
包装要好看。/ 136

12 这些年我跳过的“大坑”
那些交过的学费。/ 138

第六章 做一个美好的建筑人 / 141

01 写作的意义
写作是逻辑化思维最好的练习方式。/ 142

02 自媒体和个人 IP
在这个时代，你是谁？/ 144

03 关于我经历的那场网络暴力
一个人的狂欢和一群人的孤独。/ 146

04 造价人与咖啡、茶叶和酒
对酒当歌，人生几何？/ 148

05 是时候给自己一张世界地图了
一个人的格局是自己给自己的。/ 150

06 做一个美好的建筑人
建筑行业每个人的使命。/ 155

第一章
建筑结缘记

大学开启了属于你的建筑之旅。

上了大学，选择的专业有点奇怪——工程造价，上了十几年的学，从来没有涉及过。

什么是建筑？什么是工程造价？要怎样才能学好？这些问题总会困扰我们。

01

什么是建筑？

建筑是盖房子吗？

在我们长期的观念里，建筑就等同于房子。而建筑到底是什么呢？

日本清水混凝土诗人安藤忠雄说："建筑是一种理解，是人们感受自然的存在。"建筑是自然。清华大学王贵祥教授说："建筑是历史记忆的一部分，是历史事件发生的载体。古典建筑是立体的山水画，虽由人作、宛自天开。"建筑是历史的一部分。英国的布莱森说："卫生间是一部个人卫生的历史，厨房是一部烹调的历史，卧室则成了性爱、死亡和睡觉的历史。"建筑是生活的细分。西方艺术史认为的五大艺术分别是"建筑、绘画、雕刻、音乐和诗歌"。建筑是一种艺术。

建筑一直都是我们生活里的重要存在。房子是家庭的物化载体。所谓"衣食住行"，"住"在我们生活里占了重要位置，并与我们每个人息息相关。国产电影《万箭穿心》讲述一个普通中国女性的家庭故事，却用了房子的风水位置作为电影的名字，还有一部2009年出品的国产电影《房子房子我爱你》和2017年热播的电视剧《我的前半生》主人公也因为房子问题而"互撕"……可见房子在世俗生活中扮演的重要角色。

那么，造价工程师的工作是什么呢？是为一件艺术品、为历史记忆的一部分计算成本的人；是这些历史事件载体建造的参与者和监护者。如果说建筑师的使命是"把和人有关的一切都用建筑语言表现出来"，那么造价工程师的使命就是"把和建筑有关的一切用精准的数字以财务的形式表达出来"。从现在开始，你就是一个有使命的人，在日后的枯燥工作中是否能够依然保持兴致盎然？

在你数坐便器个数的时候，测量管道长度的时候，计算土方工程量的时候，编制清单的时候，汇总数据的时候，写结算报告的时候，和业主或者设计师发生工作上的争执的时候……你是否能够感觉到自己是一个值得骄傲的人？

当你有一天路过一个城市，看见路边耸立的酒店或者厂房，突然想起这个是你曾经参与过的建筑。你看到过这个建筑在CAD图样时候的样子，一根一根地算过这个建筑的钢筋，量过每一根电线和电缆的长度，计算过这个建筑完成所需要的价格……为了这个工程，你通宵达旦、不眠不休地加过班，和业主、施工单位因为进度款发生过争执，受过委屈、流过眼泪，吹过大风、晒过太阳、吃过泥土……自此，这个建筑就和其他的建筑不一样了，这个建筑里记录了你生命的一段时光和记忆。我们都是平凡的人，有着平凡的工作和平凡的生活，可是即使生命消逝，这个建筑还是凝固在这片土地上，仿佛告示着你的存在。你是否会因为你也在这个星球上留下了一点痕迹而会心一笑，是否会骄傲地跟人们说："我曾经参与过这个工程的建设。"然后，你的生命也便因为这个建筑的存在而变得与众不同、熠熠生辉。你也能在某一天讲故事的时候，跟人们说："当年这个工程建设的时候，我就在现场。"而这座建筑对于你的意义就像"小王子生命里那朵独一无二的玫瑰花"。

02

解密工程造价

工程造价是怎样一个专业？

了解一个人要了解他的过往，掌握一门技术也要知道它的由来。

从字面上理解，工程造价就是计算工程建造所需要的全部成本。而它的含义却远远不止是这些。不了解一个人的过去，就不能理解他的现在。对于一个行业，也是如此。那么，工程造价这个行业从何而来？

一场大火烧出来的行业。 工程造价师的前身是工料测量师（Quantity Surveyor，QS）。工料测量师的出现源于一场火灾。1834 年 10 月 16 日，英国威斯敏斯特国会大厦财政部一座用于烧毁账目的炉子点燃了镶板，从而引发大火。整个议会厅与宫殿里的其他厅室遭到焚毁。其后用了 12 年的时间才最终重建完毕，重建后的国会大厦，包括伊丽莎白塔（旧称大本钟），已经成为举世瞩目的建筑奇迹。在这次重建中，英国政府首次采用了度量制度，并且根据工料清单公开招标，从而促使了工料测量师职业的产生。自此，工料测量师和建筑师、工程师并行于英国。

我国工程造价行业的产生和发展。 我国工程造价行业的产生主要分两个阶段。第一个阶段是 1978～2003 年，主要是学习西方国家工程咨询方法和模式，在计划经济体制向市场经济体制转变中，造价管理的主要特点是：从建设项目设计任务书（或可行性研究报告）投资估算、初步设计概算到施工图预算直至预算的执行，实施全过程管理；在施工过程中，控制设计变更，健全设计变更审批制度等。1990 年 7 月，中国建设工程造价管理协会（China Engineering Cost Association）正式成立。第二个阶段是 2003 年至今，计价模式提出了“控制量、放开价、引入竞争”的基本改革思路，工程量清单计价模式开始推行。

（1）什么是工程造价?

工程造价，简单地理解就是计算房屋建造成本。工程计价的三要素是量、价、费。造价工程师要根据图样、定额以及清单规范，计算出工程中所包含的直接费（人工、材料及设备、施工机具使用）、企业管理费、措施费、规费、利润及税金等。

工程造价有点像会计，都是做财务和数字的工作，但又不同于会计。会计要求数字非常准确并严谨到小数点后两位，而工程造价的误差控制在3%的范围内都是可以的。

从事工程造价的工作人员主要涉及的能力包括：熟悉各专业工程技术规范、造价定额及有关建设管理制度，熟悉各专业工程的计量规则，具有较强的工程量计算能力，能编制项目各阶段造价文件，例如投资估算、设计概算、修正概算、施工图预算、招标控制价（工程量清单预算）、投标报价、工程结算、竣工决算，熟练应用造价软件，有一定的资料管理能力等。

工程造价未来的从业人员在大学毕业之后要具备以下技能：

1）掌握土木工程及相关工程技术基础知识。能够准确地看懂和理解图样表达的内容，对基本的建筑概念的内涵和外延有准确的理解和运用能力，这是每个土木工程专业人员的基本功。

2）掌握与国内、国际工程造价（管理）相关的管理理论和方法，相关的经济理论和方法与相关的法律、法规；掌握国内、国际工程造价（管理）专业领域的专业基础知识、专业知识、专业技术和方法，以及相关的经济学、法学理论等工作以后，工程的司法鉴定是要用到法律知识的。

3）具备综合运用土木工程、工程造价管理相关理论技术知识，工程造价专业理论技术知识，从事国内、国际建设工程全过程和全面工程造价（管理）工作的基本能力。

4）具备对工程造价专业外语文献进行读、写、译的基本能力。英语是必备技能。随着我国建筑工程国际化的进程，工程造价人员也必须具备相应的技能。

5）具备运用计算机辅助解决工程造价专业及相关问题的基本能力。计算机是基本工具，必须熟练掌握CAD、广联达、Office办公软件等。

6）具备初步的科学研究能力，具有较强的语言与文字表达和人际沟通能力，具备健康的个性品质和良好的社会适应能力。良好的谈判和沟通能力是对工程造价人员的基本要求。

7）了解国内、国际工程造价（管理）领域理论与实践的最新发展动态与趋势。

（2）工程造价专业是这样一个专业

工程造价是个工科专业。工程造价专业属于管理科学与工程类，土木工程和工程造价同属于工科专业。土木工程侧重于房子怎样建造，而工程造价则偏重于工程的经济部分，也就是一幢房子盖起来需要多少钱。

工科专业介于文科专业和理科专业之间。理科是基础科学，是学习理论和方法的。理科包括数学、物理学、化学、生物科学、天文学、大气科学、电子信息科学和环境科学等，培养目标是从事科研、教学、技术开发和相关的管理工作的高级专门人才。工科是培养技术和工艺的，是应用数学、物理学、化学等基础科学的原理，结合生产实践所积累的技术经验而发展起来的学科。典型学科有土木建筑、公路桥梁、机械、水利、电工、汽车、电子与信息、热能核能、材料、仪器仪表、环境工程、化工与制药、航空航天等。工科的培养目标是在相关生产和技术领域从事设计、制造、技术开发和管理工作的高级专门人才。

工程造价的分类。 工程造价可分为工业民用建设工程造价（土建专业和安装专业）、公路工程造价、水运工程造价、铁路工程造价、水利工程造价、电力工程造价、通信工程造价、航空航天工程造价等。而通常意义上的工程造价主要是工业民用建设工程造价。工程造价中的安装专业又分为电气专业、弱电专业、给水排水专业、暖通专业等。

工程造价中土建专业好还是安装专业好？ 两者就像语文和数学的关系，没有孰优孰劣。但我们还是偏爱土建造价，而这正是应该破除的偏见。大学里的工程造价专业多数还是以土建造价为主的。安装造价一般会开一门课程，课程涵盖了水、暖、电、通风、消防所有的安装专业。在大多数人心里，土建造价的地位比安装造价要高。但是这两个专业在工作中的地位其实类似语文和数学的关系，就像不同肤色的人种，大家都是一样的。

从就业的角度来看，由于目前大学主要以土建造价为主，市场上的安装造价人员就稀缺。安装造价人员就业相对土建造价人员的难度低一些，就业的概率大一些。而且工作之后，很多人是没有选择的机会的，公司工作的需要和领导的安排，更客观地决定了最后做的专业。多学习一些本领总是好的，所谓技多不压身。爷爷时常跟我讲，钱财是可能被偷走的，只有学到的技能是谁都不能拿走的。所以大可不必纠结于土建造价和安装造价的选择问题。大学里学了土建造价毕业以后做安装造价，经过一段时间的工作，也一样可以做好。

安装造价和土建造价在工作流程上基本一致，有五大步骤：看图样，算量，编制清单预算，组价格，打印纸质成品。但安装造价和土建造价本身却是隔行如隔山，难在图样很难看懂，工程量的算法差别很大，清单及定额子目差别很大，安装定额中有很多需要补充主材的地方，而土建定额则基本不需要补充主材。在价格方面，安装造价的主材价格受品牌影响很大，而土建造价所受影响就小很多。

安装工程分为电气工程、暖通工程、给水排水工程、消防工程、动力工程等专业。每个专业的工作原理是做安装造价必须掌握的基础知识，基础知识的学习需要花费大量的必要时间。而且每个专业自成体系。以电气工程为例，首先，电缆、电线的规格型号就有几十种，每种材料的价格和使用的地方都不同。搞清楚这些材料基本的价格区间和使用的位置以及名称的单词符号是学习电气安装造价的第一步。而电气安装造价的图样和土建造价的图样截然不同。大多数刚刚接触安装造价的人基本上都是一脸的“傻眼了”的状态，完全不知道图样上的各种符号线路是什么含义。这个时候就需要很多的耐心和细心，一点点地记忆和攻克。第二步更为困难，是学习每个专业的原理。还是以电气工程为例，电缆从变电室里出来，经过配电柜和配电箱，到达用电设备。很多工程的配电箱、配电柜有成百上千个。光是弄明白这些电缆从哪个柜子出来到哪个柜子里去的走向问题就要花很多的时间和心力。而暖通工程又是自成体系。学会了看电气工程的图样，再拿到暖通工程的图样几乎还是要从零开始学起。所以机电安装造价一般会每个专业配备一个造价工程师。因为每个专业实在是没有太多的共性。

大学里主攻土建造价的人员，工作中做了机电安装造价工作也十分常见。心态要放好。学什么都是学，做哪个专业都要努力做好才是关键。

03

对钢筋混凝土的态度

像玩游戏一样学习和工作。

“也许你会有点苦恼，发现自己并不喜欢土木工程这个专业。在自己前十几年的人生里从来不知道钢筋混凝土坍落度等这些陌生的词汇。应该怎么办?”

（1）为什么王者荣耀那么迷人，工程造价那么枯燥?

玩了几局王者荣耀，第一个英雄是亚瑟，是个没事就挥着盾牌，周围闪光放箭往敌方阵营里猛冲，然后被打死，掩护了战友牺牲了自己的角色。用队友的话来说，我有点害人。有多害人？我方死亡人数为20个，我自己死亡次数是10次，占据了一半的死亡指标。就我这样一个玩家，也会觉得这个游戏很好玩，至少比工程造价这件事情有趣。为什么会这样?

1）上瘾。这个事情要从为什么会上瘾说起。其实人类的意志力是个伪命题。意志力更多的时候会屈从于动物本质的基因属性。更多的时候我们的大脑更加趋向于给我点鼓励我就向这个方向跑一跑，没有鼓励我就不跑了或者往反方向跑一跑。

王者荣耀的设计是这样的，先设计几个简单的动作来指导我，并且每个动作完成之后都会有奖励，还会有大画面显示“胜利”两字，瞬间自信满满，人生充满希望。

工程造价的学习开始是这样的。钢筋、混凝土……一大堆生僻的概念，了解还不行，必须要记忆和理解。本来就处于各种“浆糊”的状态，如果再遇到几个老师，每天说：“你也太笨了，这都不明白?”第一反应是什么？是不是再见？再也不见。

工作里，根本没有那么多的奖励也没有那么快就能攻克的关卡。记得罗振宇与罗永浩的访谈节目里，罗永浩讲到锤子手机这样一件事：工程师们开始发现了100个问题，加班熬夜解决了几天。然后跟罗永浩说："解决了25个问题，现在的问题是150个。"这才是生活的真实面目。

2）团队合作。王者荣耀是一个社交型游戏。它的团队合作是这样设计的。五人一组，各自选择自己的英雄角色。分三组路线去进攻敌方。这五个人无论高矮胖瘦，只要努力战斗，即使我这种队友也能找到自己的存在感。毕竟是用生命在保护战友。这是怎样的一种高尚境界？大家有共同的目标和理想，打败敌方，取得胜利。

生活里我们的工作团队是这样的。"天下熙熙皆为利来，天下攘攘皆为利往"，每个人心里都有自己的"小宇宙"。按劳分配的基础上多劳多得，而项目资源有限。是不是职场"小白"没有话语权也没有选择权，只能接受命运的安排？

3）个人精进。游戏里设置了可以看得见的个人精进成长过程。所谓的"猥琐发育"，在每一局里每个英雄都有一个自我成长的过程。在这个过程中，攻击力不断上升，变成一个越来越厉害的角色。游戏开始的时候打死一个敌人的小兵要攻击多次，在后期也许可以一招制敌。这种短短的二三十分钟里能够看得到的成长，是对每个游戏玩家最好的奖励。

可是现实版的人生是个缓慢发育的过程。很多变化是水滴石穿、日积月累的过程。我们没有办法一天就学会走路、一天就学会说话，也没有办法一下就学会有着各种生僻词汇的工程造价技术。而生活很多的时候又没有那么多善意的鼓励和奖赏，相反往往是很多的大大小小的打击。曲折向前，才是个人精进的原本的过程。曲折才是重点，至于向前完全靠着个人的坚持和努力。

4）真正的荣耀。生活、职场里的成绩，一定比游戏里来得更艰难、更缓慢。需要更多的耐心、坚持和勇气。所以，在王者荣耀里，每个人都能找到自己的荣耀。而每个人在职场和生活里却不见得都能找到自己的位置。

现在很多人都在喊着逃离建筑业。这样的人在任何行业也许都会发出同样的声音。最终逃离不了、必须面对的是自己的人生。需要的只是给自己更多的耐心，更多的时间，也许还有更多的忍耐。这本来就是生活里真正的荣耀的交换品。

每一张图样，每一个表格，每一份合同，每一份清单，你加过班的每个小时，被甲方骂过的每句话，跟过的每个项目，去过的每个工地，都会成为你成长和荣耀的一部分。虽然缓慢到令人难以察觉，也没人给你掌声，缓慢到你要自暴自弃。可是，只要坚持，总能走到你要去的地方。

（2）当你试着去喜欢并且努力去实践的时候，就会喜欢上

人类社会在客观世界上叠加了大量精神活动，但精神活动是一种非常“主观”的活动。对同样的客观事物，不同的人可以投射进不同的精神活动，也就可以得出不同的感知。

我们的大脑非常擅长这种“主观”精神活动。在我们遇到事情后，大脑会自动启动，来完成一个事后归因的精神活动。当我们做好某一件事的时候，我们的大脑就会发起一种精神活动来说服你是擅长做这类事的；相反，当你没做好某件事时，大脑则会产生让你气馁的心态，觉得自己就是不擅长这类事。但绝大多数情况下，刚开始接触某件事，做好和做坏是随机出现的。

大脑的这种“主观”精神活动除了影响我们的事后判断外，还有一类影响极为重要，那就是自证预言。自证预言说的是人们会不自觉地根据自己的预言去采取相应的行动，最终的结果竟然真的符合预言的描述。

如果一个人不停地相信自己是一个善良的人，那么世界对你的反馈就是你是一个善良的人。比如你的朋友会说你是善良的，你遇到需要作恶的事时，这事就不会成功……随着这些反馈越来越多，你就会越来越强化“自己是个善良的人”这种意识，最终你真的变成了一个善良的人。

如果你对某事的未来不抱期望，比如你觉得你不喜欢正在做的工作。你的动机就会被大脑的不乐观而降低，变得不积极主动，而不积极主动又促使工作进展不顺利，事情就朝着你的预期发展——变得更糟糕。同时你的周围也会对你做出消极的反馈，同事会对你的态度和能力随之表示质疑。然后你的大脑又启动事后归因的精神活动来证明你确实不适合做这份工作，大脑会找出和强化各种你不适合做这份工作的理由。最终你真的做不好这份工作。

不管怎么样，大脑发动的精神活动都会引导你朝着你所想的方向前进。我们可以利用大脑的这种功能，来实现自己的理想。

虽然大脑的精神活动绝大多数都是自发行动的，但我们是可以引导大脑的，通常的办法就是思考，使用笔来引导大脑的精神活动，也可采取和他人交谈的方式来引导大脑。

在哈佛大学公开课“幸福课”里提到一个活得幸福的方法，就是写感恩日记。它要求你每天写出值得感恩的人和事。在使用笔或键盘写这些内容的时候，大脑就启动大量的精神活动，这些精神活动就会重塑你这个人，慢慢变得更加懂得感恩，你也会快乐很多。

当我们立下某个目标时，使用笔或键盘写下计划，列出有利条件和要克服的不利条件。然后将注意力集中在有利条件上，写下强化这些有利条件的行动步骤。大脑的精神活动就开始朝着解决问题的方向去思考。

因为这个世界是活的，你周围的人和物会频繁地给你大量的反馈，这些反馈是掺杂了大量的精神活动的。你的大脑在理解这些精神活动过程中也会产生大量的主观判断，这样会导致收到的反馈产生偏差。而纠偏的办法就是直接和反馈对话。当有人伤害到你的利益时，先不要着急往那个人身上贴“坏人”的标签，而是清楚明白地和他沟通，告诉他你的利益因为他的行为受到损失，不要夸大、不要隐瞒。这种沟通会充分引导双方的精神活动朝着“共赢”的局面前进。能够营造一个互利共赢的局面是成功的非常好的条件。

未来能赚30万元还是50万元甚至百万元年薪，很大程度上取决于你与“钢筋混凝土”的关系，和你对所学的学科和所做的工作的态度。“苦大仇深”的态度势必做不好事情、学不好知识。一边很讨厌，一边却要很努力，以后还要靠着这个吃饭，真是自身内耗无比大，一天到晚忙于和自己心里的厌恶感做斗争。

所以在你确定自己未来的几十年职业生涯和钢筋混凝土息息相关的时候，第一件事就是培养感情。培养自己对这个专业的热爱。

在我们的词典里本来就不该有所谓的坚持和努力。在你开心地做一件事情的时候，做这件事的每分每秒都在快乐中，也就没必要去做什么坚持和努力的挣扎了。快乐应该是我们人生追求的第一法则。

而事情做好之后，带来的成就感又会返回来反馈你，成为前进的动力，这样就形成了一种正向良性循环。在专业的领域里你就是一个说了算的人。这种成就感带来的喜悦和自信是其他事情无法取代和给予的。

（3）每个人看世界都是有自证能力的

朋友小 A 和小 B 都是土木工程专业。小 A 觉得一辈子最好待在父母的身边安安稳稳地过日子，他觉得离开父母的世界充满了“凶险”。小 B 觉得生活要自己做主，不能做父辈们人生的翻版，他觉得外面的世界精彩又奇幻。后来他们进了北京的同一家公司，经历了几乎一样的实习过程。小 A 最终没有留下来，而是回了老家。他跟我讲这段实习经历是他人生里一段极其痛苦的经历，遇到了不好的同事，干着没有技术含量的工作，每天无聊又枯燥。小 B 则留在了这家公司，他跟我讲同事怎样帮助他，工作怎样充满着挑战，打印机用起来怎么提高效率，每天都有新的问题解决，每天都有小小的进步。

同样的经历，在不同的人眼里有着截然不同的版本。

我们怎样看生活，生活就会回馈给我们什么。每个人都有一套证明这个世界的功能。这取决于你看待生活的态度。一个乐观积极不抱怨的人，经历了坏的事情也能风生水起。而一个充满了抱怨和怀疑的人，即使经历顺风顺水也处处险途。

对待钢筋混凝土的态度也是一样。越是排斥越是不喜欢就越是事与愿违。能做的是以积极的心态去面对困难的专业，坚信自己可以处理和解决这些难题。能够和这个专业做朋友，那么慢慢地会对这件事情充满热爱。先转变自己的思维，事情就不再那么痛苦。从枯燥之中发现生活的乐趣，也是对自己的一种修炼。

04

好习惯是关键

还在纠结早晨几点起床，怎么征服世界？

“读大学时比中学时自由很多。是不是就可以放任自由的生活？有什么是要坚持的？面对生活的很多选择开始迷惘。该怎样度过这段迷惘期？”

“天天迟到还说什么职业道德？身体不好怎么完成强度大要求高时常要加班的工作？不够认真的人没有未来。”这种声音在脑袋里无限次重播的结果就是更加焦虑，更加自责，然而于事无补。于是恶性循环没有休止。控制自己的生活节奏，控制自己的行为，控制自己的情绪，是每个成年人必须面对的问题。

叶圣陶先生说：“好习惯养成了，一辈子受益；坏习惯养成了，一辈子吃亏，想改也不容易了。”土木工程的辛苦是从大学开始的。因为这个工作的工期一直都是一个时间节点卡着下一个时间节点，每个节点不是跟钱有关就是跟房子的质量或人命有关，这就意味着带着一点精英色彩的严谨主义作风是每个工程人必备的基本素质，这是这个职业赋予的人生底色。无论之前你是怎样的人，在选择了土木工程之后，就只能让自己守时、守序、踏实、认真。这里面掺不得半点假。这关乎你未来的职业素养，关乎你未来服务的价值水平。大学正是培养这些好习惯的重要阶段。这些习惯决定了你未来的职业高度。

大多数人们，在没法靠智商压倒众人，成长背景没什么大不同的情况下，想要活出自己的样子，靠的只能是严于律已的精进的好习惯。如果说王阳明是靠智商留名青史，那么曾国藩就是靠好习惯影响了历史。

不迟到，提前半小时到场，是难得的精英品质。这一点看起来容易，做起来就像人人都在喊减肥，可是胖子依然随处可见一样并不那么容易。单单做到这一点就足以让你甩掉职场中一半以上的人。人人都有拖延症，都爱睡懒觉，正是如此，提前半小时到场才变得可贵。说得简单点，这无非就是一种习惯，说复杂些，则可以从心理学、人类行为学、社会学等方方面面谈起。进了大学，睡到最后一秒甚至逃课的情况实在常见。防微杜渐，从小事上养成好的习惯，对习惯有充分的认识，勤奋，守时，永远是优秀的品质。工作后就会发现，那些永远能提前到达的人基本上都是做到了经理位置的人。这也没什么好奇怪的。

怎样做到早起呢?

你要在心里跟自己说："你是个大人了。要对自己的人生负责了!"

你要带着对生活的热爱，早起，拥抱新的一天。

基本的数学题谁都会算。时间多还是时间少不是讨论的问题。来看这个问题的人也都想愉快地早起。

早起不是超人功能，晚起也不是洪水猛兽。

(1) 搞清楚你痛苦的来源

大多数努力早起屡屡失败的人，痛苦的来源并不是你昨天睡晚了，身体机能上的困倦。而是来自更深的地方，来自对新的一天的恐惧，包括对自己的厌倦。

"出门恐惧症"是真实存在的。对于有出门恐惧症的人而言，出门就是件令人恐惧的事情。起床就意味着离开了被窝这个唯一暂时安全的世界。没有形成自我的人，没有办法真正地热爱自己的生活。

出门都怕，还要早起?

注定了：起不来!

(2) 你热爱的就是晚起和迟到

拖延本就没什么大不了，甚至还可能帮你规避风险和危险。

但是，你觉得，这是万恶之源。因为你从未真实地被接纳、被肯定、被爱过。上学的时候，你晚起了，迎来的不只是妈妈的唠叨批评甚至是爸爸的一顿打。你从来没有发自内心地想早起过。你也学会了谴责自己："你这个笨蛋，简直太懒，无可救药，没人爱你是你应得的。"

晚起—迟到—焦虑—自我谴责……这完美地重复了你习惯的被骂的早晨。

早起意味着和这熟悉的一切告别。

告别过去，本就值得畏惧。

注定了：起不来！

（3）“晚起 + 迟到”满足了你对时间的控制感

婴儿有一个时期觉得自己是全能神。这个时期如果能和母亲有很好的沟通那么就会慢慢成长起来。而如果没有得到足够的爱，那么心理成长就会停留在这一阶段。

晚起和迟到，满足了自我的这一时期对时间的控制感。从而，全然不顾规则和制度。

对一个婴儿讲制度？做梦！

所以，注定了：起不来！

（4）怎么做？

究竟怎样从“出门恐惧症”“自我谴责”这一系列的体验中走出来？

1）认可自己。这还真是个难题。因为你习惯了自我谴责的生活模式。一个能做到体谅自己的人基本都不会太差，是真正发自内心地心疼和爱自己的人。

起晚了，有什么大不了呢？这不是自我妥协，而是自我认可，这是两件事情。然后在心里跟自己说：“嗨，明天早起 5 分钟怎么样？”

2）独立。早起跟独立有什么关系？不是有闹钟或者有你妈妈你就能愉快地早起的。

早起是独立之后对自己的行为负责。

①经济独立。当你有了工资之后就有了这个能力。这不太难。

②空间独立。很多人，一辈子都没有这个机会。上学时和一群人住宿舍。工作了和父母住。空间不独立，很难人格独立。而独立人格不强的人被管理和影响是必然的。

③人格独立。人格独立是经济独立和空间独立的终极目标。人格独立的人一般是从小被民主对待、被爱意包围的人。独立的意识不被压制。而从小没有话语权或者人格被压抑不被爱的人很难真正独立，更多的是讨好型人格。

可是讨好型人格真的是处处和自己内心对立的人格。

想要拥有真正的独立，而你又没有幸运地被民主和爱包围过，就只能在生活的波澜中寻找契机了。

愿你勇敢且好运。

认真，注重细节之间的联系，是工程师的基本要求。 事情想办法做细，问题尽可能吃透。拿出做高考数学证明试题的思路来严谨地对待造价工作。造价无小事。你算出来的每个数字都关系到工程量和钱，而钱的金额往往巨大，以百万计。这种严谨的习惯的养成也绝非一朝一夕。学生阶段对一个人最严重的影响无非是考试分数低，“学霸”的智商却考出“学渣”的成绩。而工作阶段，一个人脱离父母独立生活的时候，不够严谨的后果就可能直接影响到你生存的“饭碗”。工程造价这个工作没办法像画家那样，画得像了是写实，画得不像是抽象和想象。这个工作的要求就是用数字说话。而数字就要求精准和严谨。不够严谨，条理不够清晰，会体现在生活的方方面面。比如总是丢三落四，比如生活空间的杂乱，比如看剧跳剧情，做事跳步骤。要在生活中一点一滴地克制和提醒自己，无论你在此之前生活怎样的天马行空、不拘小节，在你认准自己要开始学习工程造价并在此后的几十年中以此为生的时候，就只能让自己成为一个严谨和条理清晰、关注事物之间联系的人。

一次只做一件事情。 不知道什么时候开始，我们写作业的时候开始挂个耳机听歌，炒菜的时候眼前挂个平板电脑看电视剧，明明是个单核系统的生物，非要同时开启多核系统的任务，一次性开启很多事情同步进行，并且为此而沾沾自喜，觉得自己充分地利用了时间，能够同时完成好几件事情。而问题是一个人最宝贵的资源是在同样的时间能够集中起来的注意力。而同时做几件事情的直接后果是看起来节省了时间却分散了注意力，导致事情的效果大打折扣，降低了做事的效率。本来就没有什么两者兼顾，只能戒骄戒躁一次只做一件事情。

身体是生活的重要资本。 工作之后慢慢会发现，你被超过的方式不是专业技能，很多时候是精力和体力跟不上。你也许工作 8 小时身体就满负荷无法再继续。那些公司里的能人却依然精神饱满地连续工作着。电视剧《奋斗》里富爸爸徐志森就说过：“在华尔街那些挣大钱的人读大学时都是体育明星，开始我以为生意是靠计算赢利的，在那待了三年我才知道，不是，不是那样。是靠什么，知道吗？是靠凶狠！你得有这种气势！你告诉他们，这是我的，这也是我的，你！出去！我们要的不仅仅是身体健康，更重要的是，在职场上精力旺盛本身就是一种不可取代也不容易被超越的实力。”

同时，坚持锻炼身体也是磨砺意志力的一种方式。心理学上对情商的解释是：情商是人在情绪、情感、意志、耐受挫折等方面的品质，也就是一个人控制情绪的能力。坚持锻炼身体是锻炼自我控制力的最好方式。

爱惜自己，有条不紊地生活。休息日也认真吃早饭。可以稍稍睡一个懒觉来奖励自己，但是也不要错过早饭时间。俗话说，一日之计在于晨。早晚有一天，每个人都会成为自己生活的主人。无论是被动还是主动，父母总有一天不能再成为你人生的“时刻表”。学习爱惜自己，从而有条不紊地生活，给每个阶段、每个时期一个意义。坚持自律和节制的生活习惯。良好习惯是人在神经系统中存放的道德资本，这个资本在不断增值，而人在其整个一生中则一直享受着它的利息。

05

学好各种工程软件是必备技能

工程造价中的必杀技。

工程造价必备的几款软件有 CAD 软件、Excel 软件、广联达算量及广联达计价软件等。软件使用的效率和熟练度很大程度上决定了工作效率。

CAD 制图软件是计算机辅助设计（Computer Aided Design，CAD）领域最流行的 CAD 软件包，是工程中的基础软件。对于工程造价，不要求对这款软件的画图功能有深入的学习，但是几个基本的命令必须熟练，如多段线功能 PL、打开图样命令 X、图样块存储命令 W、图样过滤数数量命令 FI 等。这是造价工作人员日常使用的 CAD 命令。

Excel 是微软办公套装软件的一个重要组成部分，它可以进行各种数据的处理、统计分析和辅助决策操作，是工程造价工作中经常使用的软件。Excel 中几个基本的功能必须熟练掌握，如筛选功能、制作表格功能、合计命令等。安装算量目前大多使用 Excel 表格进行计算和汇总工程量。而国际通用的工料测量清单也完全由 Excel 表格完成。曾经公司有一个人人喜欢、有独门绝技的同事，她的独门绝技就是超级快、超级强的 Excel 表格制作能力。后来这个同事“跳槽”了很久还时常被老板很惋惜地提起，公司失去了这样一个能够又快、又好、又准确地做 Excel 表格的能干员工。

广联达系列软件是工程造价主要用到的软件，包括工程计价软件、安装算量软件、图形算量软件和钢筋算量软件等。广联达公司立足建筑产业，围绕建设工程项目的全生命周期，是提供以建设工程领域专业应用为核心基础支撑，以产业大数据、产业征信、产业金融等为增值服务的平台服务商。目前全国市面上能见到的工程算量和工程计价软件五花八门，有几十种。而在这几十种软件中，广联达软件属于我国使用人数最多普及最广的软件之一。广联达算量软件的基础建模以及广联达计价软件的基本功能，都是要熟练使用的。

BIM（Building Information Modeling，建筑信息模型）技术是以建筑工程项目的各项相关信息数据为基础，建立起三维的建筑模型，通过数字信息仿真模拟建筑物所具有的真实信息。BIM 技术会对造价行业有一定影响，工程量的计算工作将不再那么繁重，但也不会造成行业恐慌。工程造价的核心在于控制成本，而控制有很大成分是人的因素而不是几款软件能够简单替代的。不过有关 BIM 技术的几款软件（如 Revit、Bentley 等）还是需要工程造价工作人员学习和了解的。

VR 技术（Virtual Reality，虚拟现实技术）是一种可以创建和体验虚拟世界的计算机仿真系统，它利用计算机生成一种模拟环境，是一种多源信息融合、交互式的三维动态视景和实体行为的系统仿真，能使用户沉浸在该环境之中。VR 技术的运用让建筑实景化。现在主要和 BIM 技术结合使用。

建筑行业一直都是在不断技术革新的行业，是一个从业人员需要终生学习的行业。最早的 CAD 制图解放了手工制图，使制图效率大幅度提高。而 BIM 技术的一系列软件以及 VR 技术在工程领域的使用将是未来的一大趋势。在学校有大量时间对新的软件进行使用和钻研。不能很好地运用软件的人是会被淘汰的。学习软件是件一分耕耘一分收获，熟能生巧的事情。没有什么捷径可走，投机取巧行不通。只能靠练习、练习、再练习来强化学习和使用软件，在使用中才能有所提升。而这些都是工程造价人员的必备技能。

06

学好专业课是基础

专业课学习程度决定了未来高度。

工程造价专业在大学中的主干学科为管理科学与工程、土木工程。

主要课程有：房屋建筑学、混凝土结构基本原理、建设法规、工程经济学、建筑与装饰工程施工技术、安装工程施工技术（这些课程是土木工程的基础学科）；建设工程成本规划与控制、建筑与装饰工程估价、安装工程估价、统计学、运筹学、建筑经济学（这些课程是工程造价的基础学科）；建设工程合同管理、工程项目管理、工程造价软件与信息管理（这些课程是项目管理的基础学科）。

使用双语教学的课程有 FIDIC 合同条件、建设工程项目融资（这些课程是国际工程造价的基础学科）。

以应付考试的 60 分万岁思想学习专业课，必将害了自己。 到了大学，再以为了考试而学习的态度来学习，四年之后迎来的也许是“漂亮”的成绩单和失业的结果。这些学科在中学时完全没有涉及，在大学是从零开始学起的。要真正地做到掌握和运用专业课的知识，只能端正态度好好学且学到最好。这不只关乎你的大学毕业成绩单和奖学金，还关乎你未来的饭碗和职业尊严。

专业课是职场专业度的基础，专业度决定了“你是谁”和“能去哪”。 作为一名造价工程师，基本的要求是专业度。清晰地构建每一个基础概念的内涵和外延以及和这个概念相关的运用与案例，这些必须通过专业课的学习来建立。进入社会之后每个人的社会属性都会有一个定位和标签。这个定位可以是各个方面的，从安身立命的职业生存基本技能来区分，立志做一名造价工程师的人的职业标签就是造价工程师。你的选择决定了你是谁，你是一名造价工程师。你可以倚靠这个职业小富即安也可以靠此来实现自身价值，可以只做自己所在城市的项目，也可以做遍全国的项目，还可以做遍全世界的项目。这些就看你“想去哪”，而专业素养的高低则决定了你“能去哪”。

一名造价工程师是靠技术吃饭的，每一门专业课就是你构筑未来开拓人生局面的“一砖一瓦”。每一门课程都是你未来工作的基础，决定了职场生涯的专业高度。工程造价的第一步是看懂图样。大一时会有一门叫作建筑制图与识图的课程。这门课程看起来比各种力学和混凝土材料等有趣一些，因为终于从物理和化学逃脱出来，有了图画符号。还能准备一套制图的工具和画板，仿佛自己变成了艺术生。而这门看起来容易的课程，却决定了造价基础工程量的精准度，不可小窥。

大学中的你可能无法理解结构力学、基础会计、建筑英语、建筑设备、建筑 CAD……这些课程对未来职业的影响。每一门课程都像一座大楼中的基础砖石，少了或者空了哪块都可能影响到自己未来的发展。比如我大学里学的主要是土建工程预算。到了工作中，因工作需要，又去做机电安装专业的工作。相当于从零做起，但是因为大学学过建筑设备这门课程，一切变得没那么困难。

我们不清楚身体的每个细胞对于我们身体正常运转的意义。但是缺少了某个细胞就可能对我们产生影响。就像每一门专业课程，我们能做的只能是认真地去面对，踏实地去学习。这些是走上这条路的年轻人打开局面的唯一“钥匙”。

这些专业课的学习各有各的方法，以建筑制图与识图为例，可以把看懂“平、立、剖”当成游戏：大学刚入学，一个性格温婉的美女老师在讲台上耐心讲解一门基础课程——“建筑制图与识图”。一群刚入学的开启建筑土木工程课程的学生在教室里听得“云里雾绕”，抓耳挠腮地也想不明白图样之间的关系……

这是很多年前我上建筑制图与识图课程时的场景。刚拿到课本并不觉得有多难，比起全是理论和公式的建筑力学，建筑制图与识图至少里面有图画，有图的总不会太难。后来事实证明，“轻敌往往死得很惨”。这门美女老师教的图文并茂的课程其实是对以后的工作很重要而且不容易理解的一门课程。

无法想到现在的我，能够分分钟地读懂见到的图样。当年觉得无论怎样也看不懂想不明白的难题，终归还是被时间和努力化解于无形之中。

一个造价人员，终其一生要做的重要的一件事就是读懂图样；一切以读图开始。图样是建筑由纸面的一个规划变成现实中真实可用的空间的桥梁。而造价人员的工作就是把图样上反映出来的内容翻译成数字的工程量再转化成钱。这个翻译的前提就是充分看懂和读懂图样。

一套完整的图样由六大块构成。如果把图样看成一台计算机，那么图样目录就是计算机机箱；图样说明相当于计算机的 CPU（中央处理器）；建筑总平面图相当于计算机的主板；建筑施工图相当于计算机的软件系统；结构施工图相当于计算机的硬盘；水暖电施工图相当于计算机的电源及风扇。

贯穿于建筑施工图和结构施工图以及水暖电施工图中的是图样的平面图、立面图及剖面图，一般简称“平、立、剖”。通俗点理解就是从不同的视角来看同一个建筑，平面图是俯视，立面图是侧视，剖面图是从内部看。通过这样的表达才能把图样表达清楚，而预算人员算量的前提是要把图样的“平、立、剖”看明白。

看懂“平、立、剖”通关秘籍。看懂这三张图的难点在于能够将三张图的每个节点对应上。平面布局体现在平面图中，层高体现在立面图和剖面图中。内部构造主要在剖面图中体现。比较简单的方法是对应轴线。

把横轴和纵轴对应的节点三张图结合起来看。然后想象这座楼的内部楼梯和平面布局以及层高关系。

对于空间感好的人看懂“平、立、剖”几乎是分分钟的事情。而对于大多数人而言，这不是轻而易举就能理解的。至于通过建筑制图与识图这门课程的期末考试倒是挺容易的，而通过考试并不意味着你能读懂图纸。会纠结，会较劲，怎么这么一个看起来容易的事情就是理解不了。

一件事情解决不了往往是方法不对。那些无用的纠结和较劲反而会产生源于自身无能的愤怒，都是无意义的自我消耗。对于“平、立、剖”，唯一攻克的方案是多看。看得多了慢慢地自然会看懂。多接触、多看不同类型的建筑图和施工图的平面、立面和剖面之间的关系，慢慢地去体会。这是一个需要花时间和耐心的过程，而这个过程是逃避不了也无捷径可走的。看起来远和难的路往往才是真正的“捷径”。我们学说话和学走路的时候也是经历了无数次的重复和跌倒，才慢慢由量变达到了质变，从而学会了说话学会了走路。学习也是有规律讲方法的。我当时也纠结和埋怨了自己很久，为什么这么简单的图样就是看不明白、理解不了。怀疑自己到底是不是笨。现在来看，只是太着急。没学会走就想跑，读书太少想得太多。一直到后来工作，再到后来自己做兼职老师，给学生讲“平、立、剖”，才发现随便拿来的一套图样很快就能看明白和读懂。无非多看、多想、多理解，又哪有什么捷径可言呢？

把看懂“平、立、剖”当作一个游戏好了。每多看一套图样就当多拿了积分和点数，积分攒够了自然也就“通关”了。真要加快进程，增加辅助技能，那么练习一下素描，培养自己的观察力。捏捏橡皮泥，从当中切断，看看剖面和断面的区别。过程开心了，结果往往是好的。做任何事情都是如此。

愿你从名师，玩转“平、立、剖”这个游戏，早日通关大获全胜。

07

造价必须考的那些证

开车有驾驶证、厨师有厨师证、造价也有必考的证。

“老师说以后要考助理造价工程师的证书。同学们还有考八大员（施工员、质量员、安全员、标准员、材料员、机械员、劳务员、资料员）的证书的。未来还要考二级建造师、一级建造师和造价工程师的证书。不知道这些证书到底用不用考，又有什么意义。”

从我们一出生开始，就开始拿很多的证书。有被动的，有主动的，大多数是被动的。出生的时候我们拿出生证，接着是小学毕业证，中学毕业证，大学毕业证。大学里面四六级英语证、雅思证、托福证、计算机证……之后是结婚证、房产证、驾驶证……

工程造价专业更是有各种证书。最基本的是造价员证书。2016 年国家对造价员证书的名字做了变更，改为助理造价工程师。我认为这个证书的意义就是上岗证，属于入门级证书。现在大四就有参加这个考试的资格。由于政策原因，各地考试时间和考试内容都不同。另外，本科毕业工作 4 年之后就可以考注册造价工程师证书、注册建造师证书等。

一旦涉及考试，就难免有些难度。我有一个高考数学满分的朋友，这辈子考试顺风顺水，偏偏栽在这个看起来很简单的造价员考试上，后来他不考这个了，当然他不是学工程专业的。这个考试，难点在于要十分精确，对计算规则可能考到“细枝末节”上。我们的驾驶证考试，平时停车怎么也不会要求你一把倒进车位上，但是考试如果不能一把倒进车位就算考试失败。反过来，即使驾驶证考试通过了，也很少有能直接开车放心大胆地上路的。造价员入门考试也是如此，考试通过了，有做造价的资格，但是并不代表就会做造价了。

对待考试的态度就是：排除万难，通过考试，哭天喊地没用。只能默默地做历年真题，提高考试通过的概率，争取尽快通过。

另一个有难度的考试就是造价工程师考试。这个考试的难度是出了名的。我所听说的一次性考过四科的人的考试复习史无一不是一部“血泪史”。绝对是对体力、耐力的考验。这个考试要求在工程造价专业本科毕业4年之后，有4年的工作经验才能参加。而考试内容和工作的关系并不大，工作4年之后，无论记忆力还是精力都没有在校期间强，这也为考试增加了难度。要通过这个考试，四本考试用书基本要逐字、逐句地记下来，历年真题也要做几遍。

考试制度也是职场游戏规则的一种。作为职场工作人员，只能遵从考试制度。

而不通过这个考试是不是就会在职场上无立足之地，也并非如此。考试通过也不是金榜题名。考试，无论成败，都不会给你造成什么影响。它根本就不能对你的生活产生什么质的改变。

如果说能够带来一点点的影响，也只能是对你自信心的影响。考过了也只是觉得自己的背书能力还不错，考不过也就无所谓了。

就建筑职业生涯而言，是靠一点点的经验积累而来的，是靠顺应时事的改变而来的，几个证书不足以给你一个“金光闪闪”的人生。也许只是通关的一部分，但绝不是通关的全部。

建筑职业生涯里，第一年很难。第2~3年基本决定了你是谁，能做什么，能走什么路。第3~5年应该有所改变和实现自我一小部分人生价值。第5~10年再次进行重新积累和梳理。而大多数人的危机出现在第十年。这不是靠几个证书的堆砌就能改变和稳定的内心的危机。

如果人生是场考试，那么也不是靠高分取胜的；而是平均分，当然平均分在能力所及的范围内越高越好。

一个人只有完成了对自我价值的期许和实现才能真正有力量地生活。这种实现更多的是一个人不依靠什么组织、群体或者其他人，而是完全靠自己过上自己想要的生活的能力。

这不是一场两场考试能够给予的，而是要靠你自己的改变、选择、舍弃来换取的。

考证是场修炼。

一个朋友的朋友圈里说："驾驶证第四次才通过，一级建造师四次才通过……今年的造价工程师又开始报名了，这是第几次报名了？"

（1）养成看书的习惯

1～7天是反抗期，只能硬撑，分步骤、打卡做记录，这段时期门槛低，不用追求完美。

8～21天是不稳定期，容易受环境影响。行为开始模式化，形成时间、地点、做法三固定。

22～30天是倦怠期。增加变化、改变内容。

（2）研究考试的战术

做真题，不断总结考试技巧和出题规律。

（3）找到"战友"鼓励前行

如果有个"战友"，备考的过程能够轻松一点。互相鼓励和鞭策。

虽然考了很多证，懂了很多道理。可是多数人依然过不好这一生。倘若考证会增加你过好这一生的概率，能有一点改变自己的机会就拼命地尝试和抓住，何乐而不为呢？

08

看得远是前提

大学期间要思考自己的职业定位。

看得远是指一个人的职业眼光。职业眼光决定了一个人未来的职业定位和走向。学车的时候，教练师傅叮嘱我的是眼睛要朝路的前方看，能看多远就看多远，这样才能把车开直，对前方的状况有预警。榜样的力量也是如此。大学期间就要给自己预设一个高远的要踮起脚尖努力学习才能到达的目标。如果你大学的时候给自己的职业定位就是毕业了进一家小公司养活自己、成家立业，那么未来的选择空间就只能是这么大，也就不会走得太远。

人生可以有很多选择。工程造价专业的学生毕业后能够在工程咨询公司、建筑施工企业（乙方）、建筑装饰工程公司、工程建设监理公司、房地产开发企业、设计院、会计师事务所、政府部门企事业单位基建部门（甲方）等企事业单位，从事工程造价招标代理、建设项目投融资和投资控制、工程造价确定与控制、投标报价决策、合同管理、工程预（结）决算、工程成本分析、工程咨询、工程监理以及工程造价管理相关软件的开发应用和技术支持等工作。

工程造价专业学生可以选择回老家就业，也可以选择去北京、上海、广州等一线城市就业。

工程造价专业学生在校期间就要开始考虑自己未来的职业定位。之后朝这个方向去努力。想办法建立这个方向的人脉关系，从而为自己的就业做准备、打基础。

朋友小 A 一毕业就进了本省最大的造价师事务所，两年做到了项目经理的位置，而他的年龄和资质成为他升职的瓶颈，这时候他选择了辞职，考雅思出国读书。他说大学时他是抓住点滴的时间在努力学习，因为他知道，只有特别努力成绩非常好，才有机会被老师推荐给他想进的本省最大的事务所。所以，他特别努力。这就是一进大学就做好规划，有目标的好处。要知道自己去往的方向，才能给自己画出一条最好的路线。一遍遍地预想自己未来想要的样子，然后矢志不渝地努力。互联网时代的好处是，你可以找到自己的职业偶像，有可能了解他们的生活，甚至成为朋友。

看得到并且相信是做得到的前提条件。在校期间每个人要明白的是自己想要的是什么样的未来，并且努力做到。

09

你要知道怎样好好说话

良好的沟通能力是工程师的基本功。

在这个世界上，如果想要成功，你就要准确地讲话。

生活有时候难免会给我们抛来各种难题，每个人都会遇到生活的低潮，也就难免会有多多少少的自卑。小F在高中一段时期陷入严重的自卑。自卑的原因是她高中在一个老师也讲方言的学校上，听不懂老师讲话，也不习惯冬天没暖气夏天没空调的教室，成绩下降得很快。

她心里就有个声音说："你也太差劲了。"

而另一方面，她还很骄傲。

因为她说普通话，并被同学宠着。

老师还让她做班长。

很多地方不习惯，很多地方看不过去。回家跟父亲说："这个环境很差劲。"父亲说："你试着改变一下环境。"小F也试着做了，发现做不到。她很努力，但情况没有变好，小F越来越自卑，心里谴责自己的声音越来越大。

是哪出了问题？

小F没有调整好自己和自己的关系。小F心里谴责的声音，造成了严重的自我消耗。应该先处理好自己的"四面楚歌"。我从未见过一个不能处理好自己情绪的人能把事情做得很好，搞定自己，才是征服世界的前提。

《沟通的艺术》（修订第14版）一书提出这样的观点，即看入人里，看出人外。这里的看入人里，指的是对自我知觉和情绪的体会和管理。看出人外分析的是自我和他人之间互相影响的方式和关系。

书中提到：低落的心理预期造成不良自我应验预言。我们很容易陷入自我否定之中，事情不顺利的时候，达不到自我预期的时候，学英语学不好的时候，谈恋爱总是分手的时候，心里会有个声音说，我天生干不好这件事。英语太难我不可能学好，我这辈子就是婚恋不顺的命……有了这样的心理预期，那么事情一定会朝着自己的心里暗示发展。

自我设限和自我谴责的结果就是真的变成“笨蛋”。

一个自己都不够喜欢自己的人是没办法和世界好好沟通的。事情开始的时候难免高估了自己的能力、低估了事情的难度，搞砸了。这个时候最要紧的是找到存在的问题，并想办法解决。和上学时的错题本类似，生活中的错题本更重要，只是改正生活中的错题更难。因为这涉及生活习惯。而习惯从来都是根深蒂固的。

既然谴责自己是对事情有害无利的，那么不如跟自己说：“开始的时候大概都是这样吧，慢慢就会好起来。”先过了自己这一关，再想办法处理好。

刚刚进入一个新的环境，接触新人群和新事务的时候，极易陷入自我谴责的状态。大学刚毕业进入工作岗位，不会说话，做不好事情，突然发现原来自己什么都不会，有半年时间都在懵懂的状态中反复循环。有些人很快能适应过来，有些人则自此“一塌糊涂”。因为很多人处理不好自己和自己的关系。

在了解世界和征服世界之前，先了解自己和摆平自己。一件事情做不好和不想做一定有其深刻原因。那么就先问清楚自己，真实的原因出在哪里。能不能从其他角度说服自己开始做，并且做好。这世界上本来就没有什么拖延症和所谓的坚持努力。拖延都是因为这个事情你还没有好好地说服自己勇敢地开始，坚持都是因为还没找到合适的理由让自己热爱这件事情。所以，学会和自己好好说话，才是征服世界的开始。

工程造价是很考验一个人谈判和沟通技能的工作。以数据、图样、合同等为基本论据，靠谈判来维护不同立场工程财务的利益。一个普通的造价人员面临的是和设计人员、项目团队成员、项目经理的沟通和协调工作。一个工程造价项目负责人则需要和业主单位的负责人、施工单位的负责人、设计方等方方面面的人沟通和谈判。

准确地讲话，前提是有精准的概念。而精准的概念决定了对知识的理解和掌握的基础，这也是你未来和别人谈判时的专业度的体现方式。那么，在开始认知和学习的时候，应尽力使自己的概念更精准。

多用数字来表述要说的内容。 数字可以让你的语言显得更精准。作为一个造价工程师更要培养自己对数字和价格的敏感度。而这也是需要平时留心、多积累和刻意练习使用数字表述来实现的。

“语言在心理方面主要有思维功能、认知功能、心理调节功能、智力开发功能和审美愉悦功能等。如果说交际是人与人的交际的话，那么思维则是自己与自己的交际，是自我的内部交际。关于语言与思维的关系，可以认为思维离不开语言，语言是思维的一种工具。”要像三思而后行那样三思而后“言”。因为，语言对思维有一个反向的作用力。你所说的每句话，也在慢慢引领你成为这样的人。如果说“你现在的气质里，藏着你走过的路、读过的书和爱过的人”，那么，也有你吃过的食物，说过的话。像不能乱吃东西一样，不能乱讲话，甚至谨言比慎行更为重要。因为，每句话首先是说给自己听的。

在大学就要有意识地锻炼自己的说话能力。 多参加社会实践和学校社群，通过和不同的人的接触和交流来积累自己的沟通技能。沟通谈判讲究的是同理心。在有同理心能够察觉对方的想法的时候，才能更好地在双赢的基础上获得谈判的成功。而这种同理心只能通过多接触人和多观察慢慢地积累起来。

10

学好英语，做遍全世界造价项目都不怕

英语和造价之间的小秘密。

“我发现大学的课程里多了一门英语课，叫作建筑英语。

这门课程和普通的英语课的区别在于大多是专业的和土木工程有关的文章和单词。我不知道学习这门课程的意义。”

15 岁觉得游泳难，放弃游泳，到 18 岁遇到一个你喜欢的人约你去游泳，你却只能说“我不会”。18 岁觉得英语难，放弃英语，28 岁出现一个很棒但要会英语的工作，你却只能说“我不会”。前期越嫌麻烦，越懒得学，后面就越可能错过让你动心的人和事。

有一些人是超越国籍和语言限制，自由地生活的，他们被称为国际人，而成为这样的人的基础门槛是能够使用英语。我们学了很久的英语，大学里四六级考试也是比较重要的考试。多数人英语水平的“巅峰”也就停留在了这个时期。之后就是每况愈下，越忘越少。以应试之名开始，以应试之名结束。用不到的知识最终的命运都是被忘记。所以要更正的是一个认识问题，对英语的认识。如果你计划的未来只是眼前的这个城市，生活的这个空间，认为自己再也用不到英语，那么这段话可以忽略不看。我国建筑业由粗放型发展走向精细化国际化，对每个从业者的专业素养也提出更新和更高的要求。国际型造价人才目前是稀缺的，而国际化的第一步就是语言能力。

曾经去面试一家做迪士尼项目的外资公司，面试我的是个女经理，新加坡人，她汉语不太好，我英语不太好。面试的要求比较高，要求穿职业套装化淡妆，为此我还专门买了一身很职业的套装，白衬衫、黑色一步裙。精心地准备，提前化好了淡妆。这身衣服在这次面试完后我就再也没有穿过，因为我面试失败了。我俩用英语简单地交流之后，她还是希望我能够胜任，后来她给了我一份英文来往信函让我翻译，我翻译完给她之后就觉得应聘基本没希望了。她跟我说，这次招聘的项目经理的主要工作是和韩国、日本等国家的业主进行交流，英语要求很高。而我从她的表情中看到了失望的神情。我仿佛听见一扇金光闪闪各种机会的大门“哐当”一声朝我关闭了，而我只能在门前黯然失色。

再后来我进了一家外资事务所。开始做外资清单、接触菲迪克（FIDIC）合同，会议室里经常可以看到一群黑头发黄皮肤的人在用流利的英语开会。同一个办公室里有欧洲人有马来西亚人，英语不好就变成很明显的短板。遇到的业主也经常是英国人、德国人，开项目会议的时候，可能会听到英语、闽南语、粤语、上海话、普通话，本来就需要及时反应、随机应变的会议，如果连语言都听不懂，肯定在会议中处于劣势。更别提做到工料测量师的职责，维护业主的利益了。想要在这样的外资公司做到项目经理的级别，能用英语自由地交流是基本的要求。这家事务所的一位四十多岁的女经理工作了之后到英国留学有美国国籍，她跟我说，单纯一个英语能力就很“值钱”，现在很缺少能够跟国外设计师和业主用英语交流同时又懂造价的人才。

有一次，和一个讲着意大利口音英语的业主谈总承包项目。我们是施工总承包单位，对面坐着的是业主、业主方项目经理、业主方聘请的造价咨询投资监理，造价咨询投资监理有三个人，这三个人里包括一个翻译。造价咨询投资监理和我们的立场是相反的。我们是总承包，他们来向业主说明我们报的预算价格偏高。本身我们是处于劣势的。但现场的情况是，业主一段英语讲完，只有投资监理的翻译在纸上悄悄地写出业主讲话的内容，另外两位专业造价工程师，“大眼瞪小眼儿”不知道业主讲了什么。而我们的工程师则在业主讲完之后第一时间给出了反馈信息，因为我们每个工程师的英语能力都可以做到这一点。这样我们就抢占了先机。无论投资监理再怎样比我们清楚当地的造价成本，等他们的翻译把信息传达给他们之后，我们的观点已经反馈给了业主。谈判很多时候就是这样，谁的态度表达得快和完整，谁就占了优势。因为造价最后主要谈的就是一个立场的问题。在这场谈判中，英语的表达能力为我们谈判成功加了很多分。

对英语听说能力的要求是自由对话，同时对拼写能力也不可小觑。虽然现在各种翻译软件很多，但这只对一些娱乐性质的精度、专业度不高的翻译有意义。因为我们会接触到外资项目。外资项目的清单有时候要求中英对照，有时候则要求纯英文。但是我们有次将用翻译软件做出来的清单交给德国业主之后，业主根本看不懂英语清单列项，因为翻译软件是存在偏差的，尤其是建筑专业英语的部分。清单中词语的不精准、语法和逻辑的错误，就造成我们看不懂，外国人也看不明白的尴尬境地。而造价清单的第一点要求就是精准。

英语是工程师走向国际的钥匙。

怎样学习英语？答案是：用英语。我们很多人从小学就开始学习英语。学了十几年，每年考试都要考英语，大学里还要通过四级和六级英语考试。可是真正能够运用英语做到自由交流、听说读写的人却是凤毛麟角。大多数人在四六级考试之后英语就处于“退化”状态。

英语这项技能和造价的相通之处是属于实践型技能，也就是要去运用才能学会的技能。这样的技能还包括游泳等。懂得再多的游泳理论，不真正地下水去游泳，一样可能会被淹死，都是纸上谈兵。要想学好英语就要找各种机会不停地运用英语。

我认识的人里英语很好的有三类人群。一类是有留学经历的人。其实国外的语言环境只是消除了我们心里害怕的成分。他们在出国之前也要经历严苛的雅思或者托福考试。这些考试都在英语词汇和口语上有较高的要求。第二类是重点高校的研究生或者博士毕业的学生。他们在学校里的英语词汇量已经比较大，同时周围又有很多出国的同学，他们心里的一个观念是自己一定能够学会和用好英语。还有一类是比我年长的工程师，在校期间不一定学到了多少英语。但是工作中需要，还是做到了能够用英语自由地交流和对话。

背单词是学习英语的重要基础，而用英语才是必经之路。可以去看美剧，看美剧的意义在于形成一个大脑中的英语反射弧。我有一段时间看了很多美剧，有些简单的口语就会自动地从脑袋里蹦出来。

学习语言这件事情没有先后早晚。只要开始并且乐此不疲地坚持就一定会有成效。要找机会多去用，而不是单纯地去学。

11

考研 or 出国

一起做道未来选择题。

“我面临着人生的新选择，到底要不要读研究生，出国还是就业？身边的每个人都说法不一。到底应该怎么做？”

这世界有各种因果逻辑关系。很多人错就错在搞错了因果关系。他们认为考上好大学就有好工作；长得漂亮就有美满的婚姻；有钱了就能人生圆满……这些伪命题造成很多人有这样的困惑：①工程造价不需要考研究生；②不考研究生的话大三到大四这段时间就会被浪费。

在面临这样选择的时候，每个人都可以根据自身情况和所处境遇进行利弊和优劣分析。举例来说，国内研究生的优势有：①学费相对出国便宜；②毕业后导师和同学的人脉关系相对好；③符合某些学历要求高的工作职位要求。国外研究生的优势有：①经历更丰富；②语言得到更好的锻炼；③面对完全不同的生活环境的独立生存能力得到了提高；④国外的教学方式方法下学习思维方式得到了提升。国内研究生的劣势有：①研究生学习时间较长；②思维方式更加固化；③失去一些工作机会。国外研究生的劣势有：①学费高昂；②未来就业时缺少人脉；③学习内容脱离实际工作。

蔡康永在书中讲过一件事，他爸爸对他的唯一要求是：读书必须读到研究生毕业。他不想违背父命，也不想再读那么多的书，所以在大学外文系毕业后，他选择了去美国加利福尼亚大学洛杉矶分校读自己喜欢的影视学。既不委屈自己，也不违背父命。

多读书，拿到更高的学历，对于一个普通人而言，人生会有更多的可能性。所以，无论读什么专业，有机会去一个好的大学读研究生，有机会出国，都不是一件坏事。

曾经一个中国科学院的博士跟我说："读书时间长和读书好是两回事。"他说自己属于读书时间长的那类，而并非读书好的那类。一个去英国读研究生的朋友跟我说："像我这样的人，就是因为在国内没书读，才花一年40万元的高价到处找书读。"

可是，如果不是读书时间长，那么这个博士很难有留在上海的机会，也很难有公司会提供免费的住宿，以及解决户口，和出国工作每天100美元补助的工作机会。如果不是去英国读书，那么那个硕士也不会有那么好的英语口语，不会有那么多的见识和那么宽的眼界。

并不是读书多没有用，只是我们往往对这件事给予了太高的期望。一日成名，一夜暴富，靠读书看起来似乎还是显得慢了些。就多数人读书的数量而言还是太少。有一组数据，世界人均年阅读图书数量，日本40本、韩国11本、法国20本、以色列60本，中国4本。自古我们就有"读万卷书，行万里路"一说，这也是在强调读书能给人在人生深度和广度有所提升。读书是人为地改变自己生活的重要途径。对于大多数普通人而言，出国和考研是迅速拓展人生宽度的一种捷径。所谓的见识就是见多识广。而见识的增长是要靠读书和走路来完成的。见识会变成身上的一种气场。没办法造假和被取代。建筑大师安藤忠雄并非建筑科班出身，他在二十多岁的时候就开始环游世界并开启了自己的建筑之旅。

那么具体到建筑专业，需要考研和出国么？答案是：需要。现在建筑专业毕业生找工作还不像生物医药、化学、临床医学、金融学等学科毕业的学生竞争得那么激烈。本科生目前找工作相对其他行业而言还是比较容易的。但是随着建筑行业由粗放型转向精细化，从黄金时代到白银时代，对人才的要求也会越来越高。相应地造价专业也需要更多复合型、国际型的人才。

而我所不支持的考研状态是"鸵鸟"状态和"卖血"状态。

小H大四考研没有被录取，又没有找到合适的工作单位。就以考研之名，不工作，毕业了在家专心备考。对这样的延长自己"啃老"时间的考研行为我并不赞赏。学历和名牌一样，对于有些人而言就是奢侈品。学历并不能改变一个人的人生，名牌也不能给一个人自信和成就感。以考研做幌子，过"鸵鸟"状态的人生，全然不顾父母生活的艰辛，继续"啃老"，逃避生活的压力是饮鸩止渴的行为。

小 L 去英国读研究生费用一年 40 万元起，还是读一所并不著名的大学。而为了出国读书，他借遍了全村人的钱。这种为了读书背负巨额债务的“卖血”状态未免过于偏执。我们会对很多事情有执念，而这种执念的代价过于高昂的时候，就已经偏离了人生幸福的轨道。学历变成奢侈品的时候就得不偿失了。

柳青说：“人生的道路虽然漫长，但紧要处常常只有几步，特别是当人年轻的时候。”我们都希望自己生活的路更加平顺，希望开场就是满堂红。考研和留学与最后的就业没有必然的联系。书读得好，人生不一定就光芒万丈，但前程似锦总还是多了几分机会。那些“学霸”根本就不需要用广博的知识面来湮没众人，单单靠努力和精力就可以压倒大多数人。更别说他们身上认真仔细等好的生活和学习习惯。这些基本的好习惯若不在学校里养成，到工作中不知要多交多少学费，走多少弯路，进多少坑，才能养成。

“工程造价”专业的性质源于“工程造价”这个行业的要求。作为一个造价工程师，不能不懂数学也不能不懂工程，不能不懂会计也不能不懂法律，不能不懂经济学也不能不懂谈判统筹。有人终其一生也只是个算量人员，离造价工程师的要求相差甚远。

选择土木工程的你，注定选择了一个比高中更枯燥、更辛苦的人设游戏。告别了牛顿三大定律，迎来的是材料力学、结构力学、土力学。告别了一模、二模、三模没完没了的考试，迎来的是坍落度试验、应力试验、混凝土抗压试验。18 年里，你见过很多盖好的房子，自此之后的日子里，你要搞明白的是混凝土的配合比，大楼盖好之前的基坑有多深，自己离梦想有多远。如果选择了这个专业，并且确信自己未来要靠这个修炼出的技能在社会上独立行走，那么唯一能做出的选择就是搞定课本内和课本外一切与土木工程有关的知识。有诗有梦有远方，那是别人的大学。18 岁那场考试无论成败都成为历史。人们都说大学是人生新篇章的开启，远离父母家乡，去往一个陌生的地方。高中班主任说的没错，是不用辛苦地学习了，而是更加玩命地学习了。确实是没有了妈妈的唠叨，可以睡懒觉，可以不按时吃早饭，可是需要学习的是合理地安排时间和照顾好自己。土木工程的大学，不是游乐场，而是一场修炼的开始。

第二章

慢慢来，比较快

刚刚工作的时候，我总是心里暗暗焦虑，焦虑自己有太多的不会，焦虑自己有太多的不明白。总想“一日成名，一夜暴富”，而人生的基本法则其实是：慢慢来，比较快。

01

你靠什么迎接残酷的生活？

为什么要学习一门技术？

为什么要学习工程造价？这门技术能给我们带来的是什么样的改变？

武侠小说里男主角一定是有一套绝技在身的，然后才有了行走江湖，历经劫难遇到各种“颜如玉”和“黄金屋”。每个人的生活也是一部小说，而且故事的主人公有且仅有一个，就是你自己。为什么一定要绝技傍身才能行走江湖？

技术其实是你开启生活简单模式的武器。 刚刚毕业其实是每个人比较艰难的一段时光。无论什么大学毕业，有什么样的经历，艰难主要来源于学校生活和思维方法与社会生活和思维方法之间的对接。学校里遇到的人和事情都相对简单，思维方式基本是二维思维，学习和考试这两件事情基本就是全部。而进入社会工作之后，可能会遇到各种人和复杂的事情。评价一个人也不再是某个方面的好或者坏，而是变成了生活、工作、家庭、情感……这些重要事件的平衡能力即平均分的问题。而这个时候工作是首先要处理好的第一件事。这关系到一个人的经济独立和精神独立，某种意义上会影响到生活、家庭，毕竟“经济基础决定上层建筑”。工作中的难往往并不是因为辛苦，而是有太多和之前经历以及所接受的教育之间的冲突，造成的个人对自我的怀疑和否定。而解决人和人之间的关系也许才是真正要面对的困难，那么选择技术类工作的优势就显现了出来。一个做工程造价的工程师在开始的时候只是处理好图样和数字的关系，以及周围相对简单的人际关系就能够在工作中拥有一席之地。

靠专业技能的成功是最具可复制性的。 一个年轻人在没有资源、没有人脉的情况下，只能靠技术打开局面，靠技术告诉这个世界你能做什么，你是谁。

学习一项技能需要你在一个领域坚持不懈地专注下去，要选择一个靠谱的方向，然后专心致志地钻研下去，最后必然能成为高手甚至是绝顶高手。世上有很多成功带有偶然因素和运气成分，但至少“靠技术”这一样，被无数人复制了无数遍，否则就不会存在学校和教育了。

以工程造价技术为例，当你在造价这个行业干了3年的时候，你基本熟练地掌握了造价所需要的基本技能。当你在这个行业做到10年的时候，你就可以依靠自己积累下来的能力和人脉去发现更多的机会、做更多的事情。以我自己为例，在大学刚刚毕业的时候我也没有想到有一天我可以靠自己的一门技术生活在我国管理最好、资源最丰富的城市之一。工程造价这门技能带给我的是生活的底气，是跨越半个中国从“帝都”到“魔都”的底气，是让我在这个年龄依然能活得自我、活得简单的底气。

发电机和电动机的发明者迈克尔·法拉第就是靠技术逆袭的典范。当时的英国等级制度森严，法拉第出生在萨里郡纽因顿一个贫苦的铁匠家庭。他的父亲是个铁匠，体弱多病，收入微薄，仅能勉强维持生活的温饱，上到小学他就辍学了。20岁的法拉第的好学精神感动了一位老主顾，在他的帮助下得到一个朋友的资助拿到了著名化学家汉弗莱·戴维的演讲门票。他把演讲内容全部记录下来并整理清楚，回去和朋友们认真讨论研究。他还把整理好的演讲记录送给戴维，并且附信，表明自己愿意献身科学事业。结果他如愿以偿，成为了戴维的实验助手。从此，法拉第开始了他的科学生涯。如果不是靠他对科学的孜孜不倦的学习精神就不会得到资助拿到戴维演讲的门票，如果他没有任何科学研究的基础也无法完整地记录下戴维的演讲记录，被戴维发现并成为他的助手，也就没有了我们所知道的法拉第。

拥有专业技术的人更容易拥有属于自己的产品。 你能拿出的“产品”沉淀累积了之前几十年的专业素养及人格教养。这个产品里包括你对生活的观察，对沉陷于问题里的人们痛苦的理解，对解决问题的思索。而专业技术是你拿出更好的产品的基本保障和有力支撑。一个有专业技术的人，更容易拥有属于自己的“原创产品”。而一件产品，对于人生也具有加速改变的作用。萨姆·阿尔特曼（Sam Altman）在这样一篇文章——《给有抱负的19岁青年一点建议》（《Advice for ambitious 19 year olds》）中说到一个人有自己的产品是成功的起点。他写道：“不管你选择什么，都要做些事情，和聪明人在一起。‘产品’可以是很多不同的东西，比如在一个公司以外的项目，一个初创公司，一个新的销售流程。”你的产品又是对你的技术的检验。工程造价工作过程中的每一个清单，都是建立在你之前的积累之上的，无论细心、耐心和经验教训，都是你之前工作的体现和衡量，也是属于你自己的“产品”。

专业技术是带你穿越出身和学历的法宝。 孙悟空有金箍棒，哆啦A梦有口袋，美国队长有盾牌，寿司之神有寿司技能，你有什么？出身不够优渥，学历也勉强达标的你，靠什么来作为自己在这个世界上生存的标志？爷爷从小就跟我说：“钱财是可能被偷走的，只有学到脑袋里的技能是谁都不能拿走的。”道理简单而质朴。学习和磨砺一门属于你的职业技能能带你穿越出身和学历的沟壑。

专业技术带给你的是属于你的能给世界带来的一点改变。这个技能可以很小，可以是做一个精巧的软陶手工，可以是做手工皮具，可以是拍摄美好的视频，当然也可以是做造价算房子的成本价格……人生如沧海一粟，怎样在这样的一生中给这个世界带来一点美好的哪怕是微小的变化呢？

专业技术是你行走江湖的护身武器。 当今社会，一个成年人，想在生活里完整地保持自己的本性不为外界和生活所改变，其实很难。很难想象一个没有技术傍身的人，还能横冲直撞、不看人脸色、不揣摩人心地生活。应该也没有谁乐意事事揣摩他人心思认小服低地生活，但是如果生活逼迫你如此呢？“不为五斗米折腰”，我想大多数人做不到。而造价这个行业，就是你生活的铠甲。你可以简单，可以单纯，只要技术过硬。

“能为你的尊严买单的只有你自己，能践踏你的尊严的也只有你自己。”要做到后半句其实很难。我低三下四认小服低的原因只能是一个，“我喜欢”。而我不想理你，不想去做的原因，也只有一个，“我不喜欢”。而不是因为我要做什么业绩，要留住这个工作，而去出卖人格等一切能出卖和不能出卖的东西。“快意恩仇”的人生，不是每个人都能有。技术傍身约等于人生“开挂”。

慢慢你就会发现，其实很少有什么事情是种瓜得瓜种豆得豆的，生活的真实情况是，你种了豆什么都没得到，种了瓜也许得了豆。而造价这个行业给我的就是，“付出的努力和所得成正比。”这句话是我刚刚到北京的时候，我的直属经理在面试我时告诉我的。事实上他确实兑现了他的这句话，我的工资当年就翻倍了。

总要有属于自己的不会被人偷去、不会被时光贬值的底气支撑你走下去才行。

02

开始的时候总是显得有点笨

学习一门技术的基本心态。

刚开始工作和开始一件新的事情的时候，总有这样一个笨拙的过程。不焦虑、不懈怠、不沮丧，鼓励自己，是度过这段时间的秘方。

接受并且欣赏自己的笨拙期。 笨拙期是指在我们刚开始学习一门技术的时候总是会犯很多的错误，显得有点笨。刚开始学习工程造价的时候，刚开始工作的时候，每个人都会有一个阶段显得有点慢和有点笨。通过一段时间的练习才慢慢地学会了走路，学会了开车。学习工程造价也是一样，图样看不懂，工程量算不准，定额套用不正确，解决这些问题只能通过多思考和多练习。一个人的能力主要是靠积累获得的。如果你不接受自己的笨拙期，就永远无法学好任何技能。想想刚开始学走路的小孩要摔很多跤，刚开始学开车的时候也要被教练批评很多次。

应对笨拙期的方案有：①分解目标。把一个大的要解决的问题分解成小的实现起来不太难的小目标。②设置奖励机制。完成每个小目标之后，给自己一个奖励。培养自己延迟满足的耐心和自律。③及时反馈。每个目标完成之后分析在这个目标完成的过程中遇到的困难、心态以及解决方案。比如，你要在20天内看懂图样。那么，首先就要掌握基本的概念以及概念的外延。3天内完成这个目标，完成后奖励自己看一场想看的电影。然后下一个小目标是，能看懂图样说明。找至少三套图样对比来看，5天内完成这个目标，然后奖励自己一顿日本料理。如果没有完成就总结一下原因。以此类推。

电影《阿凡达》的导游卡梅隆也经历过这样的一个笨拙期。他的第一部电影是《食人鱼 2：繁殖》，拍摄期间他与意大利工作人员相处得不好，制片方不让他参与电影剪辑，27 岁的卡梅隆用一张信用卡撬开工作室的门，还神奇地学会了使用意大利语剪辑机，用几个星期的时间完成了全部电影的剪辑。然而这部电影根本没为他赢得什么“好名声”。直到他拍摄《终结者》，聘请施瓦辛格的时候还只是在一家普通的饭店达成的共识。如果他在这个时期就放弃了自己的电影梦也就没有后面我们看到的《泰坦尼克号》和《阿凡达》了。

想要掌握一门技术的另一个关键词是：专注。把注意力集中在做事情的过程中，而不是事情的结果上。我们常常遇到的问题是：等到我学会做预算。

我们在学校里能学到的更多的是知识，而不是技术，更不是才干。这是在工程造价行业里招聘启事基本都会写要求有 3 年的工作经验，不要应届毕业生的原因。因为一个小的企业根本就没有那么多的资源来完成一个人将知识转化成技术的过程，所以每年都会招聘一些优秀毕业生的往往是大公司。因为大公司的资本雄厚，有这样的能力来培养一个技术人员。

知识是指概念、理论等，广度和深度是评价标准。比如，什么是 VRV 变制冷剂流量多联式空调，什么是定额。

技术是指在长期利用和改造自然的过程中，积累起来的知识、经验、技巧和手段，是人类利用自然改造自然的方法、技能和手段的总和，但是需要在实际工作中多多磨练，熟练度是评价标准。比如，怎样做一份合格的清单。

才干是指无意识使用的技能、品质和特质。比如，谈判时的临场应变能力等。

知识是最容易获取的，整个大学期间和通过现在各种互联网搜索引擎都可以学到很多建筑工程方面的知识。知识在我们这个时代变得丰富和廉价起来。比拼的不再是个人的记忆力多强悍和阅读量多宽广，而是我们独立思考的能力。这时候，知识的差距就变成技能的差距。每个人都能找到各种学习资源，谁能尽快地把知识转变成技能就能更快地站稳脚跟。

而对于工程造价技术，把知识转化成技能的最快途径和学习任何一门技能一样是：刻意练习。刻意练习的基础是要熟知计算规则和定额规则，在能够看懂图样的基础上，尽量多地进行从量到价的练习，收集更多的图样样本，做更多的工程，熟练度越高技能掌握就越精准。这也是为什么建议工程造价毕业生前三年在造价师事务所工作的原因。

说到专注又要说到我们之前提到的法拉第。法拉第的一个著名发现是“磁场会影响光线的传播，并找出了两者之间的关系”，而发现这个关系也是一个偶然。在法拉第发现了电磁感应、发明电动机之后，他在英国名声大噪，一度超过身负盛名发现了很多种元素的戴维，并且在英国有人传出戴维此生最大的发现是发现了法拉第。这让戴维不太高兴，就把法拉第调离了自己的实验室，而让他去研究玻璃镜片，倒推出玻璃镜片的制作原理来挽回自己的眼镜生意。法拉第只能听从命令去工厂研究玻璃镜片的制作。一去就是 4 年，而这 4 年里法拉第并没有倒推出玻璃镜片的制作工艺，他留了一块玻璃放在自己的书架上，纪念这 4 年的失败。这时候戴维去世了，法拉第回到了实验室。在他做光线和电磁之间的关系的试验时试用了很多种介质，各种酸类和其他物质，都没有对光线产生影响。直到他随手拿起了当年纪念失败的玻璃，他发现光在磁场中不会偏折，在引力场中却可以。正是因为法拉第对电磁的专注，才让他在 4 年失败的玻璃研究之后，发现了电磁和光之间的关系。只要专注在一件事情上，全世界都会为你让路，挫折也许就是坦途。

生活的本质就是这样，你想要什么，它偏不给你什么。而想得到什么的唯一办法就是努力让自己配得上想得到的事物。在刚开始工作的时候，你也可能遇到像法拉第的老板戴维一样的上司，在你想做造价的时候安排你去做招标投标。这时候，你是像法拉第一样尽心尽力地做好另一份工作，还是悲天悯人怨天怨地，觉得世界对自己不公平，人生再无希望了呢？这个时候，你能做的只能是手上有什么就用好什么，专注在一件事情上。在完全做好招标投标之后，再找机会转回到造价工作上。

如何修炼才能成为一个行业精英呢？我们需要学习什么专业知识？提升什么职场通用技能呢？你要在以下几方面不断地进行积累：

（1）行业通用技能

你可能是初入职场的新人，那你需要快速地适应工作环境，这时就需要适应能力；工作中会接触很多表格，这时就需要熟练使用办公软件；在一些大型公司里完成一个项目通常需要团队合作，就要具备团队协作能力；想在公司迅速成长，就要锻炼自己的学习、分享和交流的能力。

如果你正在职场发展阶段，如何更好地与领导和客户沟通，就变得更加重要。接触不同的人，如何去和不同的人打交道，如何去谈判，这时就需要谈判和社交能力。

解决工作的问题、下属的问题，就需要解决问题的能力；管理一个团队，就需要团队管理能力。

（2）造价基础和专业知识

1）基础知识。刚到工作单位，领导就给你一套图样，让你算量，你需要懂工程识图、定额计算规则、清单计算规则、计价软件、工程施工一般工艺、工程造价基础知识、整个工程造价管理有哪些环节，不同单位（业主、承包商、顾问公司）注重哪些知识技能。

2）专业知识。专业基础能力你已经掌握了，那就继续提升，我们要离开自己的“舒适区”，去学习新的知识，不断提升自己的核心能力，那这个阶段要学习哪些内容呢？

①工程技术方面：熟悉工程地质、工程构造、工程材料（组成、内容、价格）、施工技术（程序、流程、施工组织设计、一般施工方法、图集）、工程计量（计量原则、软件）。

②工程经济方面：熟悉资金的时间价值、利息（影响因素、单利、复利）、利率（名义利率、有效利率）等值。

③工程财务方面：熟悉工程税收（增值税、城市维护建设税、教育费附加、地方教育费附加）、营业税改征增值税（一般计税法、简易计税法）、工程保险（建筑工程一切险、第三者责任险）。

④了解我国的法律体系及内容：

宪法：《中华人民共和国宪法》。

法律：《中华人民共和国刑法》《中华人民共和国民法通则》《中华人民共和国合同法》《中华人民共和国建筑法》《中华人民共和国招标投标法》等。

行政法规：《建设工程质量管理条例》等。

行政规章：《工程造价咨询企业管理办法》等。

地方性法规。

地方性规章。

⑤现行标准：国家标准、行业标准。

⑥了解如何获得执业资格：国内的注册造价工程师；国外的英国皇家特许测量师。

⑦知道工程造价管理的全过程。

前期决策阶段：项目策划、投资估算与成本控制、项目经济评价、项目融资方案分析。

设计阶段：限额设计、方案比选、概（预）算编制。

招标投标阶段：标段划分、发承包模式及合同形式选择、招标期、签订合同。

施工阶段：中期付款、财务报表、变更估算、索赔管理。

竣工验收阶段：最终结账、合同管理等。

⑧合同管理：国内的《建设工程施工合同（示范文本）》（1999 年版、2013 年版、2017 年版）；国外的 FIDIC 合同。

3）计算机知识及工具。

①借助网络：比如法律法规的内容在哪里找？法律纠纷的案例在哪里看？

②学会使用搜索工具搜索。

③咨询身边的同事、朋友、领导：咨询他们，可以更快地解决你的问题。

④通过问答型 APP 解决问题：知乎上面有很多在行业工作多年的人，有很多的切身体会并分享出来，你也可以提出你的问题。

⑤利用云笔记储存知识：比如印象笔记可以快速地把你在朋友圈、微信公众号的内容一键转载到计算机端，你可以在上面编辑，按照自己的需要对内容进行删减。

⑥思维导图：运用思维导图，让你的想法更直观。

（3）总结

除了学习这些知识，在工作中还可以积累处理工作的方法，学习同事之间的好的做事技巧，先从模仿开始，慢慢形成自己的风格；学习知识，不只是为了获得知识，更重要的是，如何把你学到的知识应用到工作中，提高工作效率。

平时多和身边的人分享与交流，实现知识的共享，建立自己的个人知识体系，发挥自己的优势。用这个方法，我学会了建立造价领域的知识体系。你可能会觉得，只会一点，如何分享，还是先储存能力成为“牛人”了，再去分享；可是你却没发现“牛人”都是先学会再分享，收到反馈后再改进，形成了一个良性的学习循环，也就自然而然成为了“牛人”。

03

好的习惯助你成功

积累就是力量，慢慢来，比较快。

我们在小学的课本里就学习过关于“早”的故事。但是很少提及关于“慢”的意义。我们总是讲非洲的狮子和羚羊拼命奔跑的故事，却忽视了慢慢积累的力量。

罗马不是一天建成的， 你也不是一天学会走路的。可是我们天生就期待速成。越是长大就越是没办法静下心来体会积累和时间的意义。一个瘦子不可能一天就吃成胖子，一个胖子也不可能一天就瘦下来。正常的状况是用多久的时间胖起来，再花费多长的时间瘦下去。这其实也揭示了积累的力量。很多人一直在看起来很努力的状态里生活，而忘记了生活的实质是时间一点点地流逝，自己下一秒的状态是之前所有时间的累加值。这种看起来的努力不是扎实认真的行动积累，反而会带来很多内心的焦虑。每天都在空想：“我要怎样去做”，反而阻挡了真正切实的行动。每天做一道有难度的数学题，背一个长单词，组一个长句子，这看起来慢还有点笨，而想到的地方确实都是靠这样看起来有点笨的积累一点点地到达的。

你要学会掌控自己的节奏和自己对话。 活得很“颓废”变成了很多人的生活状态，据说现在有跑腿服务，不想去取快递，花 2 元钱找人代取；不想去买饭，花 2 元钱找人帮送，给你挂到门上；不想写论文，花钱找人代写；不想听课，保持一个动作玩手机能玩 2 个小时；不想睡觉，能到晚上一两点才休息；不想起床，能一直睡到中午 12 点……生活就变成了每天的循环“颓废”模式。

这种生活节奏进入社会工作的第一步就是要开始跟自己的“颓废”做斗争。

工作中竞争的第一步其实是关于自律的竞争。所以大多数时候根本就不用拼智商，战胜懒惰就已经大获全胜。那些做得到自律的人总是比不自律的人更早更好地先一步完成工作。每个人自身的生物钟能够达到一个良性循环的时候，所有的能量才能发挥到最大值。

自律的本质是养成良好的生活习惯。养成好的生活习惯的本质是坚持。而坚持的意义是遇见惊喜。新浪微博上有一个著名的博主“古城钟楼”，发的微博被称为史上最无聊又最有毅力的微博。博主的身份是现位于西安市中心城内东西南北四条大街交会处的西安钟楼。每天发的内容就是整点报时：铛铛铛。就是这么无聊的一个微博，连续发了四五年之后很多人成为它的粉丝。每条微博下面都是几十、上百条的留言，有人说在这个微博里读出了时间的苍茫，有人说世间一切都在变，而这个微博一直都存在。这就是坚持的意义。当你能够养成自律习惯的时候，惊喜的事情也会像连锁反应一样接二连三地发生。

（1）意志力像肌肉一样是可以逐步锻炼得越来越强壮的。

想要做好一件事情的一个关键习惯就是认真，不认真的人是毫无希望的。

自古就有，由俭入奢易。而从认真到懈怠也很容易。

从马虎、不认真、懈怠的状态到认真？那简直太难了。所以，你妈妈从小对你说的那句：“他挺聪明的，就是有点马虎。”类似的句子还有：“他挺聪明的，就是有点懒。”这些像“大魔咒”，变成程序写在你的脑袋里，以后每次偷懒、马虎的时候这句话就会跑出来为自己开脱。终于有一天，你根本就不知道什么叫认真。

懈怠就是你的生活常态。凡事差不多就好。作为一个资深“差不多”先生和“60 分万岁”追求者，到了职场突然发现，开始混不下去了。尤其是做工程造价，这种掌握着业主财务安全的职业，一个“小数点”的错误，损失的可能是你这辈子都赚不到的钱。

胡适说过：“为者常成，行者常至。”你所付出的努力和公德从来都不会白白付出，终有一天，会回到你的身上。罗永浩每次演讲的御用 PPT（演示文稿）制作人许岑，在自己的教学视频《看电影学英语》的宣传片里讲了一段关于安迪·沃霍尔和他自己的不同的时候，展示了自己曾经的钱包，他的钱包里各种银行卡整齐地排放，人民币的朝向和正反面都是一致的。他说自己太精英主义。而这恰恰是大多数人所欠缺的。在生活的细节之处对自己随时随刻地严格要求，这是一种精进主义。要求一个生活混乱的人在工作中认真起来非常难。

（2）那么，怎么实现自我拯救?

你得明白**不认真**这个事情是怎么回事，其实也没什么大不了，就是一种习惯。**当你重复某一行为时就会形成习惯**，而决定你采取这种行动的是你对这件事情的态度。**态度是你对事情的立场，这些态度可能来自你的一些经验，也可能是偏见。**

那么改变习惯就要改变行动，改变行动就要改变态度和偏见。最难的是改变态度。这些态度是内置在你脑袋里几十年的坚定不移的程序。通过你一遍一遍地在各种事情上的重复已经变成你的一部分。生活中随便乱扔东西，工作中怎么会有秩序？生活中看个电视剧都要跳剧情，工作中怎么会按部就班？

认识到了这些，就从生活开始改变。观察身边做事认真、不出错误的人的工作和生活方式。注重秩序、步骤，物归原处。工作中养成 PDCA 管理［PDCA 是指 PLAN（计划）、DO（执行）、CHECK（检查）、ACT（改进）］，并且要十分重视检查。没有检查过的工作就是没有完成的工作。

毕竟，不是一天吃成的胖子，也不是一下就粗心大意的。给自己点时间，慢慢来。

04

做好一件事情的基本方法

打拳有打拳的套路，做事有做事的方法。

一件事情做坏的原因可能千差万别，做好的方式却基本相同。在一件事情无论怎样都做不好的时候，可能并不是你投入的不够而是方法错了。有件事情特别有意思，我们小时候的课本里都学过“头悬梁锥刺股”“凿壁偷光”等“死磕”自己、努力学习的故事，然后仿佛要做成一点事情就要有个很痛苦的过程。可是这本身就“跑偏”了。根据马斯洛的需求属性理论，人一旦掌握了规律，大多事情都能迎刃而解。工程造价工作也是如此。接到一个工作的时候，先考虑一下这个工作的重点和难点，然后迅速把简单的事情解决掉，集中精力做难完成的部分。

（1）建立整体印象

在开始做一个项目之前，对于图样必须整体了解，即预先考虑项目的业态、面积、高度、结构形式，以及最终的成果会是什么，需要按照怎样的步骤和顺序算量和计价等。

（2）形成良性循环

推进工作时，保持工作本身朝着良好的方向发展。另外周围相关人士会不断协助自己，各种好的事情会接踵发生。

（3）凡事提前

做一份清单的时候，先把图样问题找到并汇总成文字，提交给设计师或者项目经理。之后再把材料单里需要询价的内容提前做好询价工作。即便是计划中的工作，只要是在能完成的范围内也要尽量提前一点。

首先掌握工作整体流程。

终止多余工作和不必要、不紧急的工作。

专注只有自己才能完成的工作，先把这些工作做好。

一旦时间开始宽裕，就一点点提前完成其他工作。

以3~6个月为基准，对工作整体安排做大调整。

只有这样才能让自己真正放松，重拾自信，让思维更活跃，发挥真正实力。

（4）不要过于细致

工作不要过于细致，**不等于可以粗制滥造，而是不要拘泥于细枝末节，不能因为完美主义情结而不开始一项工作**。在时间节点之前完成比完美重要。海明威有过一句名言：“任何一篇初稿都是一堆‘狗屎’。”如果当年的他因害怕创作出“狗屎”而追逐于第一稿的极致完善，恐怕就不会有日后的《太阳照常升起》《老人与海》和《永别了，武器》等传世之作了。

如果你因为要检查而不能交项目，错过了时间节点，那么后果比粗心大意还可怕，可能有两次就被开除了。

（5）掌握工作要领

把握工作的要点，把精力放在应该重视的环节。比如算工程量的时候，平面图上能看见的部分就是比较容易的，而在剖面图和立面图里的内容往往是需要重视的。

“工作成功设想”。通过反复在脑中模拟现实来明确工作的运行流程，首先多次缜密思考必须在什么时间之前做什么事情，必须做到什么程度，必须按照什么顺序做，必须委托谁来做，然后在脑中反复模拟实现。通过反复思考，明确哪个步骤容易出问题。

在没有熟悉工作流程的时候，观察“师傅”的工作状态，思考他为什么能够熟练完成工作，工作要领是哪几部分，又是怎么一步一步地完成的。

05

怎样更好地思考

思考是给人们的最好礼物。

作为建筑人，一直都处在需要终身学习的行业。上一代建筑人还处于手工制图阶段，一套图样设计要一笔一笔地画出来，一个工程要花上半年时间出图。造价员也是靠着笔、验算纸、比例尺一点一点地测量图样。工作效率很低。进入 20 世纪 90 年代，随着 CAD 制图的普及，以及广联达等一系列算量软件，Excel 等 Office 办公软件的推广和运用，出图速度从半年、几个月缩短到一周或半个月，工程造价也脱离了纸、笔、比例尺，连蓝图都不用，利用 CAD 电子版图样和算量计价软件能直接做出工程量和价格清单。整个行业的生产效率大大提高。整个社会的知识更新速度也大大加快。

巴菲特的合作伙伴查理·芒格提出结构化思维，他说普通人掌握 70～80 种思维结构就能解决所有遇到的问题。

在造价工作中怎样利用结构化思维更好地工作呢？

结构化思维的基本原则如下：

（1）以始为终

即 3P（Purpose，Principle，Process）。

1）Purpose——目的，效果，意义。做一件事的时候有没有考虑过它的价值和意义？

在明白目的的情况下，有什么更好的方法可以实现这个目的？怎么衡量是否达到目的？

2）Principle——原则。开展这些工作需要遵循哪些基本原则，以根据这些原则选择相应的流程和方法？

3）Process——流程。要实现最终的目标和结构，需要开展哪些工作？这些工作所需要的时间和资源是什么？应该如何匹配时间和资源，以确保工作得到有效控制？

例如：

Purpose（目的）：要在时间节点前完成一份工程造价清单。

Principle（原则）：①保证在规定时间内完成工作；②保证工程量清单的准确性。

Process（流程）：①读懂图样，找出图样问题；②计算工程量；③列清单项目；④清单计价；⑤清单取费；⑥检查；⑦修改。

（2）20/80 原则

即重要的少数/琐碎的多数。

80% 的财富掌握在 20% 的人手中。

80% 的利润来自 20% 的客户。

80% 的收获来自 20% 的努力。

例如：

影响一个项目土建造价的关键材料是钢筋含量。

影响一个项目安装造价的关键材料是设备。

了解到这两点，在做工程审计和检查的时候就可以更快地把握重点，找到关键问题。

工程造价是一个需要终身学习的工作。需要不停地思考，总结经验和教训，在工作中思考和总结，找到自己的问题和差距；慢慢练习结构化思维，以便于更好地生活和工作。

第三章
人人都是造价工程师

成为一名造价工程师并不是一件容易的事情。但人人都在寻找成为造价工程师的捷径。而这个世界上本身就没有捷径。捷径和速成大多是商家用来赚钱的广告。一个月学会造价，三个月学会英语。好像不需要努力，时间一到就变身超人了。没有苦寒，哪有花香呢?

01

怎样看懂图样

看懂图样的唯一秘诀就是大量地看图。

“我工作了，可是发现一直认为的最简单的图样根本就看不懂。看懂图样变成了首要难题。”

在积累了足够多的素材之后，遇到的问题才能越来越少。这有点类似于考试的题海战术。在掌握了看图的基本方法之后，在这个方法之上不断重复。看懂一套图样是看懂两套图样的基础，看懂三套图是看懂所有图的基础。在看懂上百套图样之后也就掌握了看图的“套路”。

一个造价工程师一生遇到的图样也许比遇到的人都多。尤其在北京、上海这样的城市，接触的项目是全国甚至全世界的，看的图样涉及的范围也是天南地北。但每套图样都有固定的标准和模式，也有需要注意的地方，还有自己的“个性”（难点）。我们能做的是：掌握固定的标准，注意该注意的地方，攻克每套图样的“个性”。

图样分为以下几大部分：图样目录；图样说明；图样总图；图样平面图；图样大样图。

而刚入职的工程师往往忽略图样目录和图样说明这两部分。图样目录就是一个总的纲要，每张图样的名称和图样的页数。对于造价工程师而言，图样目录一定要看并且拿到图样之后的第一项工作就是核对图样目录和图样内容，看是不是有缺图、少图的现象。在后期开始计算图样的时候要注意不要少算图样，如果少算一张图样，就可能意味着少算了很大的工程量。

图样说明一般在图样目录之后，文字较多。很多造价人员在读图过程中经常粗略地看下图样说明，认为其不重要。下面介绍一下图样说明的重要性（以建筑工程图样说明为例）。

1）工程概况。

重要程度：五星

它包括一个项目的施工地点，项目的占地面积；项目的室内外高差；项目的结构形式，防水等级，等等。

说明：对整个工程有一个整体的理性的认识，必须细读。

2）设计依据。

重要程度：三星

它包括设计所依据的国家规范、地区规范等。

说明：这些规范有时间的时候，是可以找出来研究一下的。

3）墙体工程。

重要程度：五星

它包括墙高、墙厚、墙体做法、细部构造说明等。

4）防水工程。

重要程度：五星

它包括屋顶、地下室等所有需要做防水位置的防水做法。

说明：防水工程是可以自成一个专业来学习的。

5）安装与门窗工程。

重要程度：四星

它包括所有门窗安装的详图、细部图等。

说明：内容比较多，比较容易懂。

6）室外工程。

重要程度：四星

它包括室外道路等，建筑红线内、建筑主体外的工程做法。

7）其他。

总结：我给的星级最低三星。其实每一块内容都非常重要。毫不夸张地讲，建筑说明里的每句话、每个词都是要细读、搞明白的。因为这里面看似不起眼的一句话，可能对后面的图样有很大的影响。它是图样的“CPU”，相当于人类的大脑。

但是不仅是初学者，大多数人对图样说明的重视程度远远不够。有些人做了很多年建筑工程造价，见过很多的图样，算过很多的数据，却从来没完全搞懂过一套图样说明。学习、工作很多时候是要走心的。

请认真对待每套图样，请重视每套图样的图样说明。

看不明白，看困了怎么办？办法只有一个，慢慢看，反复看，也没什么好的解决方案。欲速则不达。好在，现在有搜索引擎，这就便利了很多。不懂的词统统搜索出来，第一次不懂，第二次也就知道什么意思了。知道了每个词的意思，可能还是搞不懂原理。这个在机电安装图样里比较明显，原理部分就要花很多的时间来慢慢学习了。还是不知道墙体的具体做法，怎么办？搜图片，或者有机会去工地看看。一个造价人员没去过工地永远不会树立真正的信心。做过英语的阅读题吧？精读的时候会把每个词的意思都弄懂吧？以这样的方法和态度来对待图样说明就可以了。

读懂了图样说明，接下来我们来看整套图样吧。

1）粗略看图。这种看图方法也可称“浏览”整套施工图，要达到以下目的：

①了解工程的基本概况。如建筑物的层数、高度、基础深度、结构形式和建筑大概面积等。

②一般了解工程的材料和做法。如基础是混凝土的还是砖、石的；墙体砌砖还是砌块，楼地面层是水泥砂浆还是水磨石，外墙面是水刷石还是干黏石，屋面是柔性防水还是刚性防水，门窗是钢制还是木制等。

③了解图中有没有“钢筋表”“混凝土构件统计表”和“门窗统计表”。若有的话，要对照施工图进行详细核对，检查是否有误（“钢筋表”用抽查的方法核对）。一经核对，在计算相应工程量时就可以直接利用。

④了解施工图的表示方法。设计单位不同，施工图的表示方法往往有出入。如装饰抹灰工程是在“装饰表”内列出还是在相应图样上分别表示等。

对于一些简单的工程，有时可以省去粗略看图这一步，仅看一下建筑三大图（建筑平面图、立面图、剖面图）就可着手计算工程量。

2）重点看图。这是在上述粗略看图的基础上突出重点，详细读图。所看图样的范围，主要是建筑三大图和设计说明。要着重弄清以下几个问题：

①房屋室内外高差，以便在计算基础和室内挖、填方工程量时利用这个

数据。

②建筑物层高，墙体、楼地面面层、门窗等相应工程内容是否因楼层不同而有所变化（包括尺寸、材料、做法、数量等变化），以便在有关工程量计算时区别对待。避免按“想当然”办事，盲目简化计算，发现后再返工，浪费时间。

③工业建筑设备基础、地沟等平面布置大概情况，利于基础和楼地面工程量计算。

④建筑物构配件（如平台、阳台、雨篷、台阶等）的设置情况，便于在按详图计算其工程量时知道其所在部位、避免二次翻阅图样和重、漏计算。

将上述几点看清楚后，可在具体工程量计算时做到“心中有数”，防患于未然。同时也便于合理、迅速地划分分部计算范围和内容。

利用粗略看图和重点看图的方法，可大大缩短看图时间。一般工程施工图，仅需半天到一天时间，最多两天时间（包括修正图样，核对门窗、构件数量和抽查钢筋表）。

3）注意事项。预算编制前的看图，没有必要从施工的角度去“动脑筋”。这种看图方法纯粹是从预算编制角度出发，为了排除预算编制过程中的障碍而进行的。有的人在动手计算预算工程量前，像现场施工人员一样，花费很大的精力和很长的时间去看图，其实是不必要的。也有的人在预算工程量计算前不看图，提笔就开始计算，这种做法势必在工程量计算过程中，随时去翻阅有关图样，造成工作混乱，降低工作效率，并且容易发生差错，也是不可取的。

怎样看懂安装工程图样？

安装工程分为给水排水工程、电气工程、暖通工程等。看懂安装工程图样的一个要点是要弄清楚每种工程的基本原理。比如给水排水工程一般是干管连接平面支管，支管连接给水排水设备等。而电气及暖通工程有许多的标识需要识记。只有对于每种工程的原理有充分和透彻的了解，才能保证工程量的准确计算。

安装工程图样要弄清楚的重点内容：从哪来到哪去。 这是一个哲理性的问题，对于安装算量而言，这是必须弄清楚的首要问题。比如一根BV线（铜芯聚氯乙烯绝缘电线）是从哪个配电箱里出来，是接到灯具还是接到插座上的，这是看懂电气图样和算量的基础。

系统图是安装工程图样的灵魂。 每套安装工程图样都有几页系统图。系统图是整个安装工程单项的总体走向形式等。具体到给水排水工程，在系统图上看的是主干管的管径以及标高差。电气工程系统图上主要看的是电缆的规格型号和走向。所以在看安装工程图样的时候首要的是看懂系统图样。

平面图是安装工程的具体细节。 平面图，顾名思义就是安装工程具体到每一层具体的管子及线路的走向以及连接的器具的图形表示。计算工程量的时候很大一部分工作是对平面图的计算。

02

工程量清单

什么叫工程量清单及其由来。

工程造价必须解决的小难题

工程量清单（Bill Of Quantity，BOQ）是在 19 世纪 30 年代产生的，西方国家把计算工程量、提供工程量清单专业化为业主估价师的职责，所有的投标都要以业主提供的工程量清单为基础，从而使得最后的投标结果具有可比性。工程量清单报价是建设工程招标投标工作中，由招标人按国家统一的工程量计算规则提供工程数量，由投标人自主报价，并按照经评审低价中标的工程造价计价模式。

工程量清单计价是一种计价模式的改革，是由过去定额模式计价“法定量、指导价、竞争费”改为现在工程量清单计价“政府宏观调控、企业自由组价、市场形成价格”的表现形式。所以，我们首先熟知工程量清单的定义就很有必要。

工程量清单是表现拟建工程的分部分项工程项目、措施项目、其他项目名称和相应数量的明细清单，是由招标人按照计价规范附录中统一的项目编码、项目名称、计量单位和工程量计算规则进行编制的，包括分部分项工程量清单、措施项目清单和其他项目清单。

工程量清单计价是指投标人完成由招标人提供的工程量清单所需的全部费用，包括分部分项工程费、措施项目费、其他项目费和规费、税金。

工程量清单计价应采用综合单价计价。综合单价是指完成规定计量单位项目所需的人工费、材料费、机械使用费、管理费、利润，并考虑风险因素。

其分类的依据是按照分部分项工程单价的组成来进行分类的。一般来讲，有以下几种分类方式：

1）直接费单价（也称工料单价）。直接费单价由人工、材料和机械费组成，是按照现行预算定额的工、料、机消耗标准及预算价格和可进入直接费的调价确定。其他直接费、间接费、利润、材料差价、税金等按现行的计算方法计取列入其他相应价格计算中，这是国内绝大部分地区采用的编制方式。

2）部分费用单价（也称综合单价）。部分费用单价只综合了直接费、管理费和利润，并依综合单价计算公式确定综合单价。该综合单价对应图样分部分项工程量清单即分部分项工程实物量计价表，一般这部分费用属于非竞争性费用。综合费用项目如脚手架工程费、高层建筑增加费、施工组织措施费、履约担保手续费、工程担保费、保险费等，属于竞争性费用。国内的做法一般是：非竞争性费用采用定额预算编制方法套用定额及相应的调差文件计算，而竞争性费用由投标人依据工程实际情况和自己的能力自主报价。

3）全费用单价（国际惯例）。工程量清单全费用单价由直接费、非竞争性费用和竞争性费用组成。该工程量清单项目由工程清单、措施费和暂定金额组成。工程量清单由分部分项工程组成；措施费由各措施项目费组成；暂定金额即不可预见费，包括工程变更和零星工程（计日工）。全费用单价合同是典型、完整的单价合同，工程量能形成一个独立的子目分项编制。对于该子目的工作内容和范围必须加以说明界定。工作量清单不能单独使用，应与招标文件的招标须知、合同文件、技术规范和图样等结合使用。

03

定额和清单的区别与联系

工程量清单必将取代单一的定额计价模式。

长期以来，我国的工程造价管理依照的是传统的固定价格的模式，在计划经济体系中，实行的是与高度集中的计划经济相适应的概（预）算定额管理制度。在很长的一段时间内，工程造价的定额管理系统对识别与控制工程成本发挥了积极且有效的作用。改革开放后进入市场经济，由于经济体制的巨大转变以及社会经济的发展，我国原有的造价体系已经不能与社会的发展相适应。因此，在20世纪90年代后，我国就如何建立与社会经济发展相适应的造价体系进行了尝试，也就引出了定额与清单的区别与联系。

关于定额与清单的区别有以下几点：

第一，概念不同。定额计价是指按照国家规定的统一的工程量、统一的计算规则来计算工程造价。其缺点是由于市场机制的基本缺失，取消了承包商的生产经营自主权，会导致投资商的投资热情下降。同时，由于我国庞大的、复杂的地形，国家没有统一的工程量计算规则、计量单位、材料编码等，全国实施大一统的定价会导致项目所在地区的部门与制定规则的部门之间的矛盾，同时难以与国际保持一致性，不适合国际之间的工程承包与建筑。工程量清单则是指整个工程的每个部分，如工程项目、措施项目等，以及相对应的数量及规定的相关费用的明细清单。工程量清单计价模式是指根据整个工程量清单和相关的要求，再以市场上现有的价格为参考，通过采取自由组价，以招标投标的形式，确定价格的过程。这个方法的优点在于，由于其根据市场定价，因此可以打破地区、部门之间的项目划分自成体系的做法，有利于整个造价体系的健康发展。同时，企业根据自身情况进行报价，有了一定的自由度，可以在一定程度上反映企业本身的劳动生产率以及整个企业的技术水平等，总体来说，企业可以采取与自身相适应的价格进行报价，其为工程造价的市场化奠定了基础。

第二，具有不同的应用阶段。从我国目前的情况来看，工程定额与工程量清单并行，工程定额的应用阶段主要在于建设的前期，工程量清单计价则主要用于市场交易与交易之后的价格管理。我国目前的规定是除了国有资金投资的工程项目必须采用清单计价模式外，承包工程的企业可以根据情况来选择采取定额或者工程量清单计价的模式。但总体来说，工程量清单计价在未来必将取代定额计价。

第三，两者计价的依据不同。定额计价的依据是由国家相关部门规定的，会出现与市场脱节的情况，不能很好地反映实际工程中所发生的实际消耗量与真实的物价水平。而清单计价是市场定价，企业拥有自主定价权，因此清单计价的方式会更加有效地反映市场的真实价格水平。

第四，两者计价项目的划分也不尽相同。具体表现在定额计价中，是按照项目来划分的，而工程量清单计价则是根据清单中的项目来进行划分的。

以上是定额计价与清单计价的几点主要区别，其实除了这四点之外，定额与清单计价还有着工程单价构成不同、风险承担不同、工程量来源不同等其他不同之处，这里不再详细进行阐述。

说了这么多不同的地方，再来看看定额与清单两者之间的联系。可以说，清单计价是随着时代的变迁而发展起来的，定额计价也有着鲜明的时代特点。定额计价是以整个国家为单位，实施统一定价。清单定价其实也是一种新时代的定额计价，其实可以理解为把定额计价的范围变小，变小到以一家企业为范围的定额计价，每家企业都有自己的特点与生产力效率，有着自己实现利润最大化的报价，因此，清单定价就是以每个企业为单位的定额报价。

目前来看，随着社会的进步与生产力的发展，社会对工程造价的要求也越来越市场化，推行工程量清单计价有利于帮助企业提高其自身的竞争力，有利于市场的良性发展，也有利于整个社会经济的发展。但在未来的一段时间，这两种计价方式会长期并存。

04

(FIDIC)（菲迪克）合同中的清单注意要点

在实施 FIDIC 合同条款时，应注意哪些事项？

国际承包合同的实施过程，也是完成承包商同业主根据 FIDIC 条件所签订合同的全过程。在其执行中应注意的事项有：

1）合同的转让和分包。在合同实施中，承包商将一部分工作分包给某些分包商是很正常的，但是这种分包必须经过批准；如果在签订合同时已列入，即意味着业主已批准；如果在工程开工后，现时雇用分包商则必须经工程师事先同意。分包商是指由业主和工程师挑选或指定的与工程实施等工作有关的单位。但是这些单位并不直接与业主签订合同，而是与承包商签订合同。指定的分包商对承包商承担与其服务有关的全部义务，由分包商对承包商负责。承包商应对分包商及其代理人、雇员、工人的行为、违约和疏忽造成的后果向业主承担责任。

2）工程的开工、延长和暂停工程的开工。承包商收到工程师应向自己发出开工通知的日期即为开工日期。竣工期限由开工日期起算。如果由于业主未能按承包商的施工进度表的要求做好征地、拆迁工作，导致承包商延误工期或增加开支，应给予承包商延长工期的权利并补偿由此引起的开支。

3）工程的移交。当承包商认为所承包的全部工程实质上完工（是指工程能按预定的目的交给业主运行使用），并且通过合同规定的竣工检验结果合格时，可递交报告向工程师申请颁发移交证书。在申请报告中，应保证在缺陷责任期内完成各项扫尾工作。招标书附件中有区段完工要求的；或是已局部竣工，工程师认为合格且已为业主占有、使用的永久性工程，均应根据承包商的申请，

由工程师颁发区段或部分工程的移交证书。

4）缺陷责任期也称维修期，在正式签发移交证书并将工程移交给业主后的一段时期内，承包商除应继续完成在移交证书上写明的扫尾工作外，还应对于工程由于施工期所产生的各种缺陷负责维修。这些缺陷的产生如果是由于承包商未按合同要求施工，或由于承包商负责设计的部分永久工程出现缺陷，或由于承包商疏忽等原因未能履行其义务，则应由承包商自费修复。缺陷责任期一般由竣工之日（或区段、部分工程竣工之日）起开始计算。缺陷责任期时间长短应在投标书附件中注明，一般为一年，也有长达两年的。

5）变更、增加与删减。在工程师认为必要时，可以改变任何部分工程的类型、质量或数量。

6）工程的计量。工程量表中的工程都是在图样和规范的基础上估算出来的。工程实施时则要通过测量来核实实际完成的工程量并据以支付。

05

建立自己的造价价格体系

每个公司都有自己的“询价小王子”“询价小公主”。

“我又被师傅安排询价了。在价格的问题上，师傅从来都是信手拈来的。我却一片迷惘。”

刚进公司，领导安排我询价，这是我询价的第8天。

询价就是项目里有一些价格较贵的设备，如风机、水泵、配电柜等需要根据不同的品牌给供应商打电话询价。

这个工作并不好玩也没什么技术含量。有点像话务员，和话务员不同的是，还得撒谎。为什么要撒谎？因为我不是业主采购方，也不是施工单位采购方，只是造价咨询公司要做清单标底而已。不能给报价的供应商带来直接的经济利益，所以供应商都是拒绝的。有经验的同事告诉我：“要学会撒谎。”供应商的电话从哪得到？当然是万能的搜索引擎，如百度。

于是，今天的电话询价画面是这样的：

我：“您好，请问是×工吗？”

供应商：“我是。您是？”（语气比较热情）

我：“我这里有一个项目，需要您那边提供一下空调报价。”

供应商：“哪里的项目？方便说下项目地址和名称吗？”

我：“这个……哦。项目是在×××的×××。”（此处是真话）

供应商：“那你们是业主还是施工单位？”

我：“我们是施工总承包。”（此处是瞎编的）

供应商：“总承包？哪家公司啊？”

我：“……”（懵了）

供应商：“哦，那你把需要报价的设备发我邮箱吧。”

我：“好的。”

之后进入了漫长的等待期……

我又拿起给供应商的电话。

我：“×工，您好，我是前几天给您打电话的小×。那些设备报价准备好了吗?”

供应商：“你们是总承包?”

我：“……”（懵了）

供应商：“还没有报好啊。”

我：“哦，那麻烦您尽快，我们这边有点急。”

领导来问我询价是不是完成了。

我又给供应商打电话。

“您拨打的电话暂时无人接听……”

供应商不接电话了。

我知道撒谎不好，然后我也得到了应有的对待。可是我的工作没有完成。于是，我又默默地在百度上重新搜索了一个供应商的电话，勇敢地拿起电话问：“您是×工吗?”

我不知道领导为什么安排我询价。我又不擅长。我是来做造价的，又不是话务员，而且一说谎就会被看穿，不太适合做这个。并且，我也不知道询价对我的工作有什么意义。可是，我什么都不能说，只能继续给各种各样的供应商不停地打电话……

属于你自己的价格体系其实就是钢筋混凝土、电缆、灯具、坐便器、空调等的价格、品牌、档次在你自己脑海里形成的经验数据库。

刚毕业参加工作的新人很容易被安排成“询价小王子”“询价小公主”。这个工作既枯燥又无趣而且还可能遭到供应商各种拒绝。完全是和供应商斗智斗勇的一个苦差。而这个工作其实是形成自己造价价格体系的关键过程。关于价格的敏感度和品牌、档次的定位就是慢慢地在这样的询价过程中建立起来的，所以这个工作一定要用心对待。

类比南方造价和北方造价，全国用的品牌还是有所不同的。就像南方吃肉馅汤圆，北方不太吃；北方各种节日都吃饺子，南方不太吃一样。所以，难的并不是对定额和计算规则的掌握和理解，反而是这些看起来容易但实际庞大而多变的材料品牌体系。

造价中材料价格的重要性有：①最具市场因素；②占比最高；③确认难度大；④影响造价控制。

确认方式有：①政府信息价；②合同价；③市场询价。

形成价格体系的前提是对技术资料的收集和阅读。技术上主要涉及材料的品牌、规格、型号、施工流程和材料用量等。

要求造价人员做到以下四点：

1）对常见材料品牌有基本了解。

2）对每种建筑产品可选用的做法有基本了解，形成一个宏观构架。

3）根据施工方案及政府相关规定确定价格。

4）对建筑产品的生产过程有充分了解，才能做到成本分析。

清单小贴士：

1）洁具使用的品牌和型号最好在清单的描述中列清楚。比如，蹲便器TO-TO CW8RB。

2）消火栓价格比灭火器贵很多。消火栓价格最低800元，一般在1700元左右。灭火器价格在100元左右。

3）所有材料价格要包含信息价格，不能使用网上的价格。

4）法兰阀门使用建筑工程预算定额第八册而不是使用第六册。

5）AGR（给水用亚克力共聚聚氯乙烯）管价格较贵，在180元左右。

6）不锈钢消防水箱价格在3500～5000元/m^3。

7）消防不锈钢镀锌管道中的弯头含量不必做调整。但是要增加刚性接头的数量，一个弯头两个刚性接头，每6m管道一个刚性接头。

8）给水和消防管道请补充水冲洗；清单特征请补充管道压力试验和消毒冲洗描述；还有连接形式描述。

9）室内管道请补充脚手架搭拆。

10）室外管道注意土方工程量的计算。给水管道深度一般为1m。

11）设计概算阶段，图样不够完整，洁具规格和数量在建筑图上反映得往往比给水排水图样上反映得更准确。

12）在图样不断修改的情况下，一定要核对所有设备和最后一版图样的准确性。

第四章
初入社会

初入社会的这个阶段对于每个人而言都是一个并不快乐的过程。会有很多的不适应，很多的不理解。从学生到社会，人这个角色的转变需要一个心理调适阶段。

01

找工作就像找白马王子

彼此合适才是真的合适。

“我要开始找工作了。有点茫然，有点害怕，不知道从哪入手。工程造价专业该选择设计院还是造价师事务所，或者是施工单位呢?”

工程造价这个行业里有很多选择。可以去工地、去造价师事务所、去设计院、去房地产公司，还可以自己干；可以做技术经济可行性报告、可以做估算概算、可以做成本控制、可以做审计、可以做结算。**合适就是适合你的。** 这个世界上有人喜欢范冰冰；有人喜欢李冰冰；有人既喜欢范冰冰也喜欢李冰冰；有人不喜欢她们两个人中的任何一个，就偏爱凤姐；有人根本就不知道她们。

寻找面试机会， 选择的前提是可供选择的资源的占有权。 那么， 怎样提高自己得到录用的概率呢?

“刷脸” 大法。就是提高被看见的概率。怎么“刷”? **主要有两点： 空间的广度和时间的频率。 空间的广度是指全面撒网。** 市面上常见的几个招聘网站，如前程无忧、猎聘网、中华英才网……全部把自己的简历传上去，没错，是每个网站都传。另外，自己想去的公司的主页一般也有招聘这一栏的设置，看看有没有自己合适的岗位。直接把简历发到相应的邮箱去。**时间的频率是指每天或每周重新投递一遍自己的简历。** 这个事情跟排队一样，你重新投一遍位置就靠前，被招聘单位看见的概率就高。而且这些网站一般都有自己的 APP，全都下载到手机上，每天定时看推送的岗位，刷新简历。

越是大公司越要投简历试试看。 得到录用概率小的应聘者往往工作经验值接近零，学历没优势。放眼望去几乎被所有的公司否定了，只剩下销售岗可以去。但是造价行业还是会给新人一些机会的。而这些机会的提供者是那些行业里靠前的全国性甲级公司。原因很简单，小公司要节约成本，要求每个人独当一面。没人、没钱也没时间更没项目机会留给新人去锻炼。新人刚去一家公司基本上就是耗材的角色，喝公司的水、吹公司的空调，上厕所都用公司的纸。而且连打印机都不会用，A4 纸都要浪费几张。小公司根本承受不了这样的资源浪费。大公司就不一样了，项目大，机会多，流水线作业。总要有几个新人负责算量、画图、扫地、倒水、打印、装订。这就是新人的机会。

事务所里像利比、威宁谢等公司一般每年都会招一些零经验的新人。不妨试试。

面试通过了，选择也是难题。活少、钱多、离家近，基本都是在“做梦”。选择问题的实质是你的欲望和可选现实的匹配度。每次选择都会有得到和失去。而什么该拿什么该舍又由每个人的底层价值构架决定。

电影《教父》中说：“第一步要努力实现自我价值，第二步要全力照顾好家人，第三步要尽可能帮助善良的人，第四步为族群发声，第五步为国家争荣誉。事实上作为男人，前两步成功，人生已算得上圆满，做到第三步堪称伟大，而随意颠倒次序的那些人，一般不值得信任。”同样，《孟子》中也有“穷则独善其身，达则兼善天下”。

明白自己可以要什么和可以舍弃什么之后，跟对人比单打独斗重要，大平台比小公司要好。我刚到北京的时候，通过面试拿到入职通知的两家事务所都是全国排名前十的事务所，就公司平台而言不分上下，给我的待遇也基本相同。我没怎么犹豫地选择了其中一家，除了这家公司的位置离天安门比较近，办公写字楼震撼了当时没见识的我之外，就是和面试我的直属部门经理比较投缘。而这个经理在我后来离开这家公司之后依然给了我很多有益的建议，成为人生难得的益友。

针对造价专业，工地和事务所是新人进入后比较容易积累经验的地方。地产公司对于新人而言就有难度了，因为和利益越近的地方，斗争就越激烈。尤其是只有两三个人的合约部，每个公司都能拍一部“甄嬛传”，每个公司都有自己的小“江湖”。刚从学校那个大“暖棚”出来的人，怎么知道“江湖”的规矩？变“炮灰”的可能性太大。工地和事务所更有利于个人修炼专业技能，而专业技能才是根本的防身之道。就工地和事务所而言，选事务所更有利。

02

简历就是看脸

在这个看脸的世界，你的简历要漂亮。

“我曾经也投了很多简历，都石沉大海，杳无音信。问题到底出在哪里？始于才华，陷于颜值，忠于人品，先要让招聘单位看见你的简历。”

每一届毕业生都面临着找工作这个难题，工作从来都不是那么容易找的。找到合适的工作就更加难。每年的毕业季都会有很多毕业生在网络上私信问我关于就业的问题。朋友小 H 是香港理工大学工程管理方向研究生毕业，投了 300 多份简历只有几家公司给了面试的机会。首先，因为他研究生毕业找的工作是普通的 QS 岗位，加之没有香港永久居留权，工作就比较难找。首先要把心态放好，找工作并不是你一个人要面对的难题，是所有人都要面对的。之后就是要在技术上尽力提高自己找到机会的概率，有一份好的简历就十分重要。

在这个“看脸”的世界，简历也是“看脸”。 人力资源的工作比我们想象的要紧张，任务更艰巨。所以他们看简历的时候也是看重点。一份简历一两分钟就翻过去了。而且现在招聘网站还有了自动匹配功能，就是一个工作所要求的几个硬件条件（如工作经验、学历等），符合了就能被自动筛选出来，不符合连被看见的机会都没有。这就要求我们写简历的时候要有的放矢，有所写和有所不写，这样才能保证有更多的面试机会。

第一，工程造价工作履历很重要。 如果你有实习经历，一定要把实习期间做的项目写上，如曾参加过 × × × 项目工程预算。参加过的项目、完成过的工程尽量多写一点。这个是简历的加分项和必需项。

第二，“小白”的社会经验是可选项。 对于没什么实习经历也没做过什么项目的“小白”，在校期间的社会实践还是可以写一些的。但是要选填。做过学生会主席和班干部的都可以写上。因为这证明了有一定的沟通能力。做过兼职，和建筑有关的就多写，一点关系都没有的选填。

第三，在校获得证书的可以选填。 英语四六级证书是必填项目。助理造价工程师如果通过了是必填项目。在校期间参加广联达或者 BIM 软件使用大赛的获奖情况也是必填项。这些都是“小白”找工作的加分项。

第四，注意格式和错别字与标点符号。 任何工作，认真和严谨是基本要求。简历也可以看出一个人的基本素养。格式整齐，没有错别字，标点使用正确，是对简历的基本要求，也是对招聘单位基本的尊重。格式乱说明 Word 使用得不好，错别字说明粗心，标点使用错误说明文法不好。这些都是硬伤，必须避免，绝不能犯，不然简历内容再好也会“死于非命”。

第五，照片尽量放看起来阳光、大方、好看的证件照。 一个公司招聘员工除了基本的工作能力，还希望应聘人员容易相处，毕竟是否能融入公司文化、公司生活也很关键。所以，照片尽量放好看一点的证件照。艺术照就不要放了，工程公司招聘不是选美大赛。阳光、有朝气的证件照是加分项。曾经有个公司的经理在看简历的时候，就说：“这个人一看照片就不好相处，不要。”

第六，内容精简，不要废话。 言多有失，所以简历的另一个基本原则是精简。我看过一份特别简单的简历。××××年，清华大学土木工程系毕业。××××年—××××年某著名地产公司，区域副经理。××××年—××××年某著名地产公司，区域总经理。就这样简单的几个履历，已经足够让这份简历“所向披靡”。排名前十的土木工程院校，排名前十的地产公司。话不必多，恰到好处就好。在简历上长篇大论地写故事是大忌。

第七，跳槽频繁者，简历中请适当隐匿。 跳槽频繁影响一个人的忠诚度。而一个人的企业忠诚度也是招聘者参考的重要选项。如果一个人每个公司都待不够半年就跳槽，那么请适当少写这些跳槽经历。一个不能在一个公司待 3 年左右而频繁跳槽的人的工作能力或者沟通能力都是会被质疑的。

03

另辟蹊径找工作

投简历也许已经不是最好的找工作方式了。

网络拉近了人和人之间的距离，也让找工作这件事情不再是传统意义上的投简历，有很多方法可以尝试。被有资源的人发现和看见自己，就是找工作的捷径。

（1）“捡来”的工作机会

朋友小 C 在东北某大学读土木工程专业。我遇到他的时候他在读大三，暑假在上海全国排名前十的造价师事务所实习。能在这样的事务所实习的毕业生都非等闲之辈，听小 C 讲基本都是名校研究生学历。而小 C 既没有熟人介绍也不是名校研究生，他是靠自己得到这个实习机会的，还帮自己的女朋友也找了一份在上海另一家同样排名前十的造价师事务所实习的机会。

原来小 C 在大二时，微信公众号推广并不普及，大多数人都不知道。他帮助企业和公司做公众号宣传和推广、后台编程等业务，并且和同学一起注册了一家公司。公司当时还盈利不少。后来公众号后台编程逐步被取消，他们的公司也没有了业务。但他自己当时做了一个工程类的公众号，自己写不出原创文章，就时常转载另一个公众号的文章。后来被这个大公众号的编辑发现了，就和他聊了聊，发现小 C 是个互联网技术人才。而这个大公众号的编辑恰好是上海这家造价师事务所的合伙人之一。为了吸引小 C 这样的人才，就给了他这个实习机会，并且帮他女朋友也安排了实习工作。

勇于发现和抓住机会，不断努力的人，自然会有更多的机会出现和得到更多的帮助。

（2）聊来的工作机会

我和小 A 认识了两年多，两年前我刚开始做我自己的公众号。小 A 是学土木工程的大三学生。他是个对信息敏感而会自己思考的人。在我做公众号初期给了我很多有益的建议。

后来他大学毕业，先是进了一家家装公司，可是工作并不顺利。没多久就离职了，也没有合适的工作机会。我知道这个消息后抱着试一下的想法，帮他问了下我曾经就职的一家造价师事务所是否招收实习生。这家公司的领导非常好，说：“让他来试一下吧。”小 A 就去了这家公司，开始了造价实习工作。

在当今这个互联网时代，如果你想了解一家公司的待遇和工作环境，可以在微博上搜索这个公司的名字，能找到很多相关的人，用私信的方式来咨询自己想了解的情况。提问的时候要有礼貌而谦逊，总会有人给你答案。只要明确地知道自己想要什么，互联网的世界就会给你一个答案。

04

面试就是聊天

开始的时候，我们都怕面试，面着面着，就不怕了。

“通过不懈地投简历，我欢天喜地地收到了面试通知。可是新的问题又来了。我心里很害怕面试。害怕被问到不懂的知识，害怕自己很尴尬。更加害怕面试无法通过，被拒绝后失去工作的机会。”

一般正规公司的面试会分为几个环节：首先公司的人事部门会负责找到合适的应聘人员，联络通知面试。正式面试的时候，另一个角色会出场，一般是未来你的直属领导。这个人对你未来的职业生涯至关重要。

面试基本上就是聊天，只不过有的聊天内容看似轻松浅显实则“暗藏杀机”，有的聊天聊起来就精神紧张、针锋相对。在这场看似和气实则斗智斗勇的聊天中，要诚实也要知己知彼，要有所为也要有所不为。

（1）看似轻松浅显实则“暗藏杀机”

1）面试官：有女朋友吗？什么时候结婚？

正确答案：实事求是地回答。

（大多数公司都会问到的一道惯性题目。尤其是对未婚未育的女生。因为大多数公司会考虑生育对女性工作状态的影响，和公司相应要花费的成本。）

故事：

有一对男女朋友面试同一家设计院，被问及：“什么时候生孩子？”答：“我们打算丁克。”

听说后来还是生孩子了。

2）面试官：有什么特长？

正确答案：实事求是地回答。

（这个问题的正解是：特长是指比一般人强很多的技能，如钢琴十级、英语口译等。不突出的技能就不要讲了。）

故事：

一个工程类国有企业面试一个新人，问："你有什么特长？"新人答："我特别擅长考试。"结果，后来他们公司所有大大小小需要的考试，都是这个人去考的。

（2）精神紧张、针锋相对

通常这类面试的面试官本人对所招聘职位的人员的专业度、反应速度要求较高，提出的问题往往是专业性质的问题或者工作中既细节又关键的地方，甚至还有现场的考试。一般有几年工作经验的人会遇到这样的面试。

姐姐 C 跟我讲过她在面试一个地产公司的副总监职位的时候就经历了一场面试过后连人力资源经理都叹为观止的面试。面试她的是地产公司总经理，提的每一个问题都直指她职业履历中的短板。比如她一直在做成本控制，而在施工现场管理的经验不足，因为她没有真正地在施工现场工作过。这个地产公司总经理在看过她的履历后，就问了很多关于现场管理的细节问题。而这些问题没有真正下过现场的人是没有办法完美回答的。这个时候就需要面试者见招拆招来解决问题了。

判断是否面试成功也是有迹可循的。 一场面试之后，我们都很关心结果。比如，和人力资源人员面试时谈话时间超过了 40 分钟，那么被录用的概率就比较高。如果人力资源人员在面试期间说到你住的地方可能离工作单位比较远这样的问题，那么其实是委婉地说不被录用。面试后的一周内如果没有收到人力资源部门的反馈，那么基本上是面试失败了，但是依然可以打电话咨询人力资源部门面试的结果。

05

刚工作，很想哭

化蛹成蝶的一瞬间，很痛。

“我实习了，在一家造价师事务所。办公室的同事都很照顾我，安排了办公的计算机，也有了独立的办公桌，还有专门教自己工作的师傅。一切看起来顺风顺水。只是我很不习惯。每天 8 个小时对着计算机，由于不适应脸上开始起小疙瘩。坐一天腰酸背痛，不敢乱说话，怕出错。什么都不会，打印机都不会用。很傻，很孤独，很想哭。”

刚从学校出来进入社会，怎么都逃不掉一阵阵痛。像修炼过的千年老妖，遇到孙悟空的金箍棒一下就从盲目自信的状态突然被打回原形。感觉在学校里学了很多，上知天文下知地理，文不输唐宗宋祖，武能敌成吉思汗。从结构力学到建筑材料，从建筑识图到建筑英语，给块砖头都能盖出一栋高楼大厦来。毕业设计还独立完成了一个高层的手工预算，觉得自己棒极了，仿佛手可摘星辰。

上班第一天，师傅扔过来一套图样说：“先看看，有不懂的问我。”在这是骡子是马拿出来遛遛的时刻，我看见图样居然懵了。这图样比书上见过的和自己算过的复杂多了。满堂基础和独立基础、条形基础有什么区别？怎么算放坡和土方量？桩基础怎么计算？独立基础里的钢筋怎么用软件画出来才准确？一下变成了什么都不知道的十万个为什么，也不能老去问师傅。

比我早到公司几个月的同事，不停地安排我去帮她打印文件、复印资料。跟我说：“新来的，要勤快。以后早点到公司扫地、擦桌子、擦地板。我刚来的时候也是这样的。”我就变成了她的专属“小佣人”，而且还不能说话，不能反抗。毕竟人家比我早到这个公司，再反抗估计就要“挨打”了。只能忍着，好好干，连打印机都用不好的人，没有资格闹情绪。

从数坐便器开始学习。刚工作的第一年，我数了人生最多的坐便器。一度觉得自己的职业就是数坐便器的。因为刚开始学习安装造价，给师傅打下手，就从简单的做起。数阀门、数坐便器、数小便斗、数洗手池……一张图样一张图样地数下来。枯燥乏味，可是这就是工作。当时在各种图例中，我最容易认出来的也就是坐便器了。

后来，为了更好地理论结合实际，我还主动“请缨”去了趟工地。7 月份，北方的夏天，在烈日炎炎毫无遮挡的大工地，整个人仿佛都能晒化。

上午，技术员先是带我在工地上转了一圈，讲解了一些基本的常识性的结构。然后就领我回到了有空调的办公室。中午在工地吃饭，特别大的一碗面，我记得还挺好吃。后来，在工地上吃过几次面条，都还不错。

下午，技术员有事情走了，我就自己戴了安全帽在工地转了一圈。最后实在太热了，就迅速回了办公室。整个人一身汗一身土的，还晕晕的，好像有些许中暑。

然后，我就自己回家了。至于学到了什么已经忘了，应该也没学到什么。只是，天气很热，我很年轻。后来，就再也没有主动请缨去过那个工地了。

所以，**去工地就能迅速学到东西，是个悖论**。那些能够比较快的从一群毕业生中脱颖而出，更快学到知识技能的人和是在工地还是在事务所或是在地产公司的关联度并不大。而影响大的，是你自己思考了多少，通过思考又带着问题学习了多少。

走了千万里路，不读书不思考，最多也就是个邮差。

工地去得多，不带问题不带脑袋，更大可能是去搬砖的。

那年，我刚工作，在北方的一个小城市。那里的人淳朴善良，我在父母身边衣食无忧。可是我依然觉得各种不适，像是生了一场大病。那段时间，我什么都不会，不知道怎么和人交往，不知道怎样更高效地工作和独立完成工程预算。一切都不容易。这是每个人的必经之路。

不积小流无以成江海，连打印机都不会用的造价员还谈什么理想？

06

师傅、 师傅

我有很多师傅，这是我的荣耀也是我的运气。

“我在实习公司有了师傅。怎样处理和师傅的关系，怎样和同事相处，怎样和领导相处？”

刚工作的时候还很单纯，傻乎乎的。这种傻是来自四面八方的，不会说话不会做事，打印机都不会用，胆小还怯懦，外加一点刚毕业青春年少的、无知无畏的、骄傲的“蠢”。这个时候好的师傅除了教你技术之外，更多的是教你做人，这是在细节上方方面面的知遇之恩。

处理好和师傅的关系。 工程造价这个行业里师傅是你人生的“贵人”，要敬重。教你是情分，不教你是本分。自古就有言：教会徒弟，饿死师傅。如果一个前辈愿意将自己工作中的人生经验分享给你，那么你是何其幸运。一日为师，终身为父。师傅让干什么就好好地完成。像敬重亲人朋友一样去敬重师傅，是每个造价人都要做的。师傅教你不是义务而是情分，要懂得感恩。

我曾经有很多师傅，他们是我的幸运也是我的荣耀。上学的时候教了我四年的恩师跟我说：“希望你以后有单刀直入和当机立断的能力。”刚工作的时候，有一个教我土建造价的师傅和一个教我机电安装造价的师傅，他们一点点地教会了我怎样去完成一个完整的工程。

处理好和同事的关系。 职场中言多有失，没有永恒的朋友只有永恒的利益。职场就是利益场。在与同事交往的过程中，要保持一个安全的界限。工作时是一个团队和整体，要全心合作。但是私人的事情就不必带入职场同事关系中了。

处理好和领导的关系。 遇到好的领导也是可以学到很多做事方法和工作技能的。要处理好和领导的关系，尤其是和自己直属领导的关系。低调做人，高调做事。懂得向领导汇报工作的时间和内容、方式和方法。高质高效地完成领导安排的工作。

到现在我遇到工作上的问题还会请教我就职的第一家公司的经理。她给了我很多有益的建议，我们亦师亦友。

职场中说话的大忌讳： 忌交浅言深。

小 H 刚进入一个公司，就听说公司里某个同事 L 的性格怪异，并且还管不住嘴，把这件事情讲给了另外的同事。之后不知道怎么就传到了同事 L 的耳朵里，自此同事 L 就开始记恨小 H，处处和小 H 作对。这就是说话不当引发的“祸端”。

07

半路出家，他山之石一样攻玉

高手是可以驾驭任何行业的，只要足够努力。

“小A大学学的不是土木工程，而是数学专业。但是机缘巧合，小A想转行做工程造价。不知道这样的想法是否可行。能转行成功吗?”

造价工作的队伍里有一部分人是非科班出身，半路出家。有的是做了几年土建施工，不想再过在工地上漂泊的日子而转行做工程造价；有的是奔着工程造价是技术行业而从其他专业转行过来的。这些人有的是大学刚毕业，有的是工作了5年、10年。在做这样的重大选择和改变的时候，心里总难免生出各种恐惧。这条路不好走，会茫然也很艰辛。

跳槽穷三月，转行穷三年。从零开始一切都不容易。第一步是先找到一个能有机会学到造价专业技术的工作岗位，哪怕工资很低。有机会能够做项目学到技术就可以。一般在造价师事务所，一年的时间，十几个项目做下来就基本可以独立完成项目了。边工作边学习是进步最快的方式。

我遇到过一个造价师事务所的项目经理，35岁的时候工作了十几年的工厂倒闭了，他下岗失业了。他在这个工厂是做宣传的文职工作，喝茶看报地过了十几年。一筹莫展之时，通过亲戚介绍进了一家造价师事务所。从头开始，跟着比自己年轻的人学习。静下心埋头苦读，考了造价工程师证书，40岁的时候做到了造价项目经理的职位，一年工资30万元左右。为了考造价工程师证书，他每天凌晨四点钟起床开始看书，坚持了三年。后来又陆续考了注册建造师、注册监理工程师等证书，也养成了每天四点钟起床的习惯。工程造价这个行业总不会辜负努力的人。

工程造价是个容易入门和上手但是做到精通却要几十年积累的专业。半路出家一样可以在这一行中实现自我。

还有一个非科班出身的建筑大师是清水混凝土诗人安藤忠雄。他甚至没有读大学，完全靠自己对建筑的热爱，为了学习各种建筑设计风格而多次环游世界，带着自己全部家当。世界上本来就没有高不可攀、深不见底，有的只是怎样去攀登和怎样去窥探。功夫不负有心人。

08

三线城市还是一线城市

珍惜人生入场券，赚取生活体验值。

“我爸妈希望我能够回老家工作，并且为我安排好了工作单位。

我自己则想到北京这样的大城市去。我不想重复上代人的生活方式，做父辈的人生翻版。迷宫一样的大城市更加吸引我。只是，我有些很害怕。在那个陌生的城市没有亲人没有朋友，不知道自己是否能够生存下去?”

问：那些远离家乡的人最后都怎么了？

答：死了。

因为所有人都会死啊。(无辜脸)

只是，他们活着的时候，是为自己而活。

活成自己才叫活着吧。

远离家乡的人很傻啊。选择了为难自己的生活方式。那个一笑就有两个酒窝的姑娘，很可能也是那个会一个人哭很久的人啊。

(1) 故事一

大L上学的时候觉得西藏很远，这辈子能去一次西藏就是他的人生制高点。后来他离开老家，去了很多地方的工地，看着一座座建筑拔地而起，发现身边的很多人去过世界很多地方。

后来到了北京，发现身边很多同事都是假期到世界各地旅行的。原来环球旅行也不是遥不可及。只要有想法、有勇气和足够的热爱，然后慢慢规划和行动就可以了。

（2）故事二

2007 年，大 L 读大学的时候去了北京，路过一家星巴克，站在门口张望，然后被一个中年姐姐拉住认真地告诫说："千万不要进去啊，非常贵，非常坑人啊！"大 L 没有进去，在门口和绿色美人鱼商标合了张影。那时候，大 L 只喝过雀巢，并且觉得雀巢也不便宜。

后来，大 L 去了一家提供不限量现磨咖啡的外资公司，也买得起三十多元一杯的星巴克了。只是那年那个中年姐姐认真的表情依然记忆深刻。

（3）故事三

小 H 因为抑郁被父母送进了医院，失眠和嗜吃让他的体重不断上涨。没有经历过的人没有办法体会和理解这种痛苦。有时候一个人不知道当下的一个选择，会给自己带来的是光明还是无尽的黑暗。而生活的本质本来就是缓慢生长、用进废退、下坡容易上坡难。我们看见的只是那些光鲜的绚丽的表面，而在这背后的代价和努力却鲜有人知。有时候我会想，小 H 如果从来没有来过上海，会不会在老家幸福一生，会不会和所有我遇见的那些人一样，一辈子在一个地方沿着父母的轨迹平安喜乐。

每个人都有自己生活的选择权。工程造价工作在三线城市和北上广有着很大的不同。三线城市上班骑辆自行车不超过半个小时就能到公司，一线城市则是挤地铁上班时间平均在 40 分钟左右。三线城市 5 点多准时下班，而在一线城市的造价师事务所加班是家常便饭，坐着地铁末班车回家则是经常的事。三线城市接触到的是本市、最多本省范围内的项目，一线城市的造价师事务所做的项目是全国甚至世界范围内的。三线城市的造价师事务所项目相对少，能拿到纸质蓝图慢慢算量计价，一线城市的造价师事务所项目给的时间往往很紧，并且只有电子版 CAD 图样，要习惯看电子图样算量计价。在三线城市工作的同事大多来自身边的城市，在一线城市遇到的同事则来自天南地北。

目前的经济行情下，全国工程造价市场，一线城市比二三线城市要好很多。一线城市面对的是全国甚至国外的工程项目市场。年轻人在北京、上海、广州这样的城市工作一年的工作量，相当于二三线城市的二到三倍，当然付出的辛苦程度也相当于二三线城市的二到三倍，薪资水平也是二三线城市的二到三倍。

在北京、上海、广州做工程造价有做全国项目和出国的机会。

小A大学毕业后就去了北京的造价师事务所工作。她不想过一眼看到头的人生，在20岁的时候就重复着过每一天，知道自己50岁时候的样子。她希望人生多一点未知，多一些变化。北京的生活节奏很快，每天上下班高峰的地铁很拥挤。这里有来自全国四面八方的和自己一样的年轻人。小A第一次看到挤地铁的人群时感到很吃惊，而她也明白，这是自己想要的生活。

小A的大学同学小B大学毕业后则回了老家工作。在一家待遇不怎么好的地产公司做造价员，开辆小车上下班，过着朝九晚五、衣食无忧、守着父母的生活。

小A惊讶于小B可以在那样一家待遇不怎么好的公司工作。而小B则惊讶于小A真的选择了到北京去工作。

每个人都要为自己选择的生活付出代价。电视剧《老友记》里的瑞秋背离父母的意志逃婚、靠自己打工生活，在一家咖啡厅做服务员，遭到了自己曾经相识的朋友的嘲笑。那些朋友按照父母的意志过着安逸的生活，而瑞秋得到的是财务自由和人格独立。

在有机会选择自己想要的生活的时候，就想办法去尝试，一切趁年轻。选择远方选择未知的时候每个人都会有恐惧。而人生就像是收集各种体验小卡片，无愧此生就要努力去尝试不同的生活。靠自己的力量打开自己人生的局面。如果你还年轻，还希望生活会有所不同，那么请勇敢地到一线城市看看在我国最繁华的城市生活的样子。

你要改变坚信了很多年的世界观。因为你选择了一种更难的模式来“冲关打怪”。告别的是老家的慢节奏的人人和善的环境，来到了人人都有野心的欲望都市。当你拿一片赤子之心来生活的时候，很可能遍体鳞伤。因为，你之前被写入的程序根本不能应对现在的生活。

你得接受多元的价值观。你爱吃面条，之前最多接受吃米饭的人，现在，每天吃咖喱土豆的人也不是怪物。普通话是官方语言没错，以前别人说方言你还会暗自鄙视，现在你的普通话可能会被鄙视了，因为你来的大城市可能会用方言报站，开会的时候可能听到英语、上海话、粤语……总之，没有什么不可能，有的只是你想不到。

你的行之有效的方法论也不管用了。之前对所有人都好，没错。现在对所有人都好，也许就错了。之前多说一句话也没什么后果，现在也许一句错话就带来你想不到的严重后果。

尽管如此，你还是要相信生活。每个人都要有自己的坐标原点。动画片里一休迷惘的时候会看看自己的晴天娃娃然后看见远方的妈妈；中华小当家也会在不知道怎么做饭取胜的时候跟记忆里的妈妈对话。即使你没有这样的坐标原点也得给自己建立一个。可以是信仰可以是某种坚持。这样才能在各种诱惑和难题面前不动摇不退缩。所谓不忘初心。人生本来就是一个巨大的游乐场，既然来了，就把最高的过山车和最刺激的海盗船都坐一圈好了，对得起光阴也不枉来了一趟。

09

造价师事务所还是施工单位或是地产公司

教你做这道造价员必须面对的选择题。

“我遇到这样一个选择。该去造价师事务所工作还是去施工单位工作或者去地产公司?”

造价师事务所是造价专业人员的演练场。 造价师事务所主要的工作内容包括：①建设项目建议书及可行性研究投资估算、项目经济评价报告的编制和审核。②建设项目概（预）算的编制与审核，并配合设计方案比选、优化设计、限额设计等工作进行工程造价分析与控制。③建设项目合同价款的确定（包括招标工程工程量清单和标底、投标报价的编制和审核）；合同价款的签订、调整（包括工程变更、工程洽谈和索赔费用的计算）与工程款支付，工程结算及竣工结（决）算报告的编制与审核等。④工程造价经济纠纷的鉴定和仲裁的咨询。⑤提供工程造价信息服务等。

一个造价人员要迅速地成长需要通过做大量工程的经验的积累，是一个从量变到质变的过程。而造价师事务所正是这样的工作场所。一般工程的建设单位会委托造价师事务所做工程的招标清单、标底或者全过程跟踪审计。工程的数量大、种类多，在造价师事务所一年的时间可以接触到几十个项目。这样可以迅速积累工作实践经验。另外，造价师事务所工作节奏快，人际关系就相对简单，适合技术型工作人员发展，也适合刚毕业的造价“小白”积累经验。

施工单位是造价工作的实践基地。 施工单位的造价人员工作环境比造价师事务所艰苦一些，一般是在施工现场。一个工程的项目周期基本上是三年。造价人员三年时间全过程跟踪一个工程，做工程投标、工程进度款申报和分包施工队进度款的审核。这就决定了施工单位造价人员的工作精准度比造价师事务所造价人员的要求更高。每个环节的工作都直接反映在项目成本上。对上是向业主方报进度要钱，基本上是月进度，每个月和业主方合约部沟通争取进度款；对下是尽力降低成本，审核分包施工队申报的工程款。对上对下都是一场“恶战”。要钱难要，花钱要少花。所有的压力都集中在造价员身上。与此同时，施工单位的造价人员长期在工地上工作，对施工现场的工作流程更为熟悉。工作环境差，工作压力大，并不适合造价“小白”生存。原因有二：首先，刚毕业的“小白”最紧要的是学会造价工作的流程，之后才是施工流程。其次，施工单位人际关系相对复杂，工作环境艰辛，很难生存。

地产公司合约部上演造价市场“甄嬛传”。 地产公司合约部主要是与工程有关的承包商、分包商、供应商、制造商签署工程承包或建材采购产品合同，此为最重要的工作。在地产公司，地产公司合约部的特点是薪资较高，工作环境较好。几乎每个地产公司的合约部和工程部都是对立部门。因为这两个部门的利益冲突最大。有利益的地方就是“江湖”。这样的环境造价“小白”很容易变成斗争的牺牲品。项目周期一般是三年，能见到的项目样本较少。这些都不利于造价新人迅速成长。

综上所述，造价师事务所较为适合新人迅速成长。施工单位造价人员比较艰苦，但功底相对扎实。地产公司适合有几年工作经验的造价人员。每个选择都有利弊，每件事情都有 A 面 B 面，选择最适合自己的路去走。

我刚到上海的时候，面临着在一家地产公司和一家外资造价师事务所之间的选择。当时这家地产公司给出的薪资每月比外资事务所高出 2000 元。而我又缺少外资事务所的工作经验，希望能够通过工作来学习，就很纠结，也咨询了几个前辈。这件事情上大家说法不一。最终我还是选择了外资事务所。原因是，我那个阶段还需要大量工程项目的积累和沉淀。地产公司的人员流动性相对更大，不利于我刚到上海所需要的稳定。至今我还是觉得这是个正确的选择。

10

国内造价师事务所还是外资造价师事务所

不同的公司有不同的“脾气”。

“我跳槽进了一家外资造价师事务所。这家事务所和之前所在的国内造价师事务所的人文环境和工作方式方法上有很大的不同。有很多新的知识要学习，菲迪克合同、工料机清单、中英文对照的图样……”

（1）国内造价师事务所的工作流程

1）任务分解

①项目经理安排任务。项目经理拿到项目会按专业来分配任务。

项目的发出时间节点。

项目的完成时间节点。

看合同明确合同类型，确定计价方法。

②拿到整套图样。

A. 检查图样的完整性。方法：按照图样目录，一张一张地核对图样的完整性。

B. 发现图样问题，向设计师提问。方法：大方向上的通性问题，如图例是否全面、图样是否有前后矛盾的地方。

C. 提出问题。准确描述问题，和设计人员做好沟通。

③算量。

A. 土建算量主要运用软件。

B. 机电安装算量用软件或 Excel 表格。

C. 检查计算工程量的准确性。

④计价。

A. 计价主要用软件。

B. 检查。

⑤上交工作成果。

2）任务解读

①重视时间节点，必须在节点之前完成所有工作。一线城市事务所的工作特点是：**时间紧，任务重**。加班是家常便饭。看着星星坐地铁是常事。某天能在天没有完全黑下来时就下班反而可能会不习惯。

二三线城市的事务所工作强度没这么大。工作节奏轻松很多。二三线城市整个的工作和生活节奏都比较慢。我到北京之前也不敢相信那么大的工作强度的生活的存在。后来我逐渐相信再累的工作都有可能存在，能很好驾驭且平衡工作和生活的人同样也一直存在。完全不取决于你是否能想象和相信。

在要求的时间节点内完不成工作的结果基本就是出局。

②必须重视图样的解读。图样是工作的基础。对图样的解读不充分或者出错误的结果就是整个工作成果的偏差。

要避免这种情况的出现，就必须**重视图样目录，重视图样说明，重视图样里出现的文字注解。**图样解读是否充分是件看起来容易，实际上很考验造价人员能力的事情。越是基础的，越是要重视的。

③算量就是把图样翻译成数字的过程。统计学中对数字的定义是：**数字就是事实的集合**。而造价人员的工作就是把图样上的内容翻译成数字。翻译的原则就是各地的计算规则。而计算规则全国差异并不大。迅速的学习过程是把这些规则背下来。否则就得靠时间一点一点地积累。

学习这件事情本身也没有什么速成的方法。所有的速成论都是迎合人类原始心理的广告。工作是要靠时间和刻意练习一点点打磨的。算量工作尤其如此。

在开始算量的时候要培养一个好的算量的思路和方法。之后的速度和效率的提升就完全看个人的努力了。

目前国内土建主要用的算量软件是广联达软件。广联达软件的学习和使用有很多技巧。机电安装算量就是软件和手算的情况都有。无论过程怎样，要的是一个准确的结果。

④计价是把工程量转化成钱。把工程量转化成钱，就涉及取费的设置、材料价格、定额和清单的使用等问题。在以上基础性工作都很好地完成之后这些才是关键。

取费的设置有软件帮助我们节省了很多的工作。但是一些措施费用还是必须要记得计取的。

材料价格是一项考验造价员专业程度的工作，尤其是机电安装造价。因为所涉及材料的品牌档次不同，价格就会相差很大，缺少敏感性和刻意的积累就会对材料价格不清晰。

（2）外资造价师事务所工作流程与国内造价师事务所的不同

1）组织架构不同

①国内事务所（合伙人制）。合伙人→部门经理→项目负责人→专业负责人→造价工程师。

②外资事务所。Senior Quantity Surveyor（SQS，高级工料测量师）→Project Quantity Surveyor（PQS，项目工料测量师）→Quantity Surveyor（QS，工料测量师）→Assistant Quantity Surveyor（AQS，助理工料测量师）。

2）组价方式不同

①国内事务所。软件、清单、定额组价。取费按照当地规定，采用综合单价计价方式。

②外资事务所。英国工料机制度组价、采用 Excel 表格。

对 Excel 的使用要求比较高。行高、列宽、字体大小、字体选用、页眉、页脚、页边距等都有明确要求。

清单内容描述和国内清单描述差别较大。

一个完整项目做下来会涉及合同的起草，参与业主的商业竞争谈判，开标、评标、定标的过程、评标分析文件的起草等。在合约文本上也会有严格的要求。对 Word 的使用要求也比较高。

3）外企和国内工程造价工作氛围的不同。我曾就职的国内造价师事务所是一家总部在北京的国内排名前十的造价师事务所，曾就职的外资造价师事务所是一家在上海的世界五百强工程设计公司。两家造价业内顶级的公司工作氛围各有不同。

北京的这家造价师事务所办公地点在复兴门，那个写字楼被誉为长安街顶级写字楼的收官王座，是中国大陆第一个通过 LEED-EB 铂金级认证的写字楼。中午休息的时候写字楼内会有小提琴或者钢琴表演。造价部门员工有 40 人左右，平均年龄 30 岁左右，提供一顿中餐和住宿。薪资是基本工资加提成制。部门项目经理年龄也在 30 岁以下，整个团队年轻而有朝气。加班很多，工作要求也较高。项目覆盖范围广，北至东北，南到海南。项目规模较大，业态也比较多，从五星级酒店到仓库厂房。公司每年都会有野外拓展活动和像春晚一样的年会。每周要填写 ERP（企业资源计划）系统，申报自己的工作时间和工作项目、请假原因和请假时间。

上海的这家设计院附属的造价师事务所在曾拍过《小时代 3》的五星级写字楼上，西边可以眺望整个浦西，向东可以俯瞰整个浦东。不提供员工餐也不提供住宿。造价部门员工有 60 人左右，平均年龄也是在 30 岁左右。造价部门负责人是一个有英国留学背景的 50 岁左右的女经理，精通英语和菲迪克合同，副负责人是一个新加坡籍幽默且平易近人的男经理。专业总负责人是同济大学毕业的 35 岁的男经理。薪资是岗位基本工资加加班提成。项目主要面对的是外资业主。清单基本上是菲迪克合同的清单要求。

公司每周一下午下班后有专业的瑜伽老师来上瑜伽课，每周三下班后可以自由选择到体育馆打篮球或者羽毛球。在圣诞节、万圣节这样比较盛大的节日会有 happy hour（欢乐时光），工作人员会把公司布置得很有节日氛围，会有零食聚餐，圣诞节还会有发礼物的圣诞老人。公司内有一个小型健身房，有几台跑步机，有淋浴室提供淋浴，有咖啡餐饮区，提供免费现磨咖啡和饼干小零食。

邮件基本是中英文对照或者全英文版。每个人都有自己的英文名字，工作牌上都会填写英文名字。很多员工的英文名字比中文名字使用频率还高。文件也基本是中英文对照。公司有内部的沟通软件，有专门的 IT（信息技术）部门负责维修计算机和公司网络安全监控，个人计算机上不允许安装 QQ 等聊天软件，有专门的打扫卫生的阿姨。

北京和上海的两家公司都在顶级的写字楼，加班都很多，工作十分繁忙。我在办公室加班看过北京的日出和上海的日出。

11

论加班

没有通宵加班经历的造价员，人生是不够完美的。

“我又加班了。到了北京之后加班就变成了家常便饭。看着星星赶地铁末班车，加班到凌晨打车回家，甚至在办公室里看北京的日出……”

大L的故事

这是大L这个月第15天加班，今天是15号。

7点钟被闹铃叫醒，脑袋里马上想着今天有哪个项目要做完，哪个项目可以推一推。工作的难点在哪儿，要怎样才能迅速解决掉。想到这里，一点都不困了，可是大L发现，他饿了。这种饿是条件反射式的，就像听到山楂就咽唾沫一样，想到干不完的工作就饿。

作为一个北方人，180cm的身高很正常，180斤的体重就有点偏重了，都快变成正方形了。在南方这个男性平均身高175cm体重150斤的城市，大L就像一堵厚重而宽大的墙。可是最近他越来越胖了，而且有一个规律是每逢加班胖三斤。大L不是喝水就胖的体质，可是大L是加班就肥的体质。大L跟他妈说，他天天加班，8点上班8点下班。他妈有点心疼他。可是他跟她说完他的体重之后，她不心疼了，还说大L骗她。哪有越拉磨越胖的驴子？可是大L就是不用注水，光加班就长肉的“猪”。

大L也很惆怅。一到加班就觉得压力大，压力大就使劲吃。吃很多东西变成了慰藉心灵的一种方式。食物填满了胃，挤走了不安和焦躁。大L就像缓慢行走的大钟，吃饭，干活；干活，吃饭。每天坐在计算机前，看图样，算工程量，编清单，做报告。很少运动，一刻不停。就是这样，大 L 还是完不成工作，还是要加班。明明消耗量很大，大 L 却越来越胖了。

大 L 不知道体重达到 200 斤的他是不是还能走得动路。大 L 的妈妈很关心他的体重，她说如果他再胖下去，买不到衣服是小事，找不到媳妇就完了。大 L 不敢去跑步，这样强度的加班，跑步是不是加速猝死。

后来听说有个词叫过劳肥，看来不止大 L 一个人是这样的。大 L 不想加班，也不想长胖了。可是今天还有一个项目要交出去，好吧，大 L 又饿了。

在一线城市做工程造价，几乎所有人都有长期加班的经历。项目数量多，时间节点要求紧，工程体量大……这些原因使得加班成为常事。

跳槽去北京之前我机智地用微博加了通过面试要去的公司里的一个同事小 C。为的是先充分了解公司的情况。至今记忆犹新的是这样一个情景：

时间：晚上 10 点多

地点：我在老家的床上准备睡觉了

事件：在 QQ 上找小 C 聊天

聊天内容：

我："嗨，你在干什么？"

小 C："在公司加班。"

我："什么？你在公司加班？这么晚了啊，怎么可能。逗我吧。不困啊？"

小 C："不困。你来了就知道了。眼睛瞪得跟灯泡一样，都跟打了鸡血一样。"

我："哦，好吧。我睡了，你忙吧。"

当时我心里的想法是：怎么可能啊。

后来就是我去了这家公司，和项目经理一起一群人在北京磁器口赶晚上 11 点的地铁末班车回家是生活常态，最夸张的时候，赶一个很急的大项目，连续通宵 5 天。实在困了，就在凌晨四五点的时候趴桌子上睡一会儿，差不多八点爬起来继续算量、组清单，当然公司里有折叠床，干完活睡在公司也可以。半夜 12 点打车回家也没什么稀奇的。当时公司氛围特别好，都是年轻人，平均年龄不超过 30 岁，虽然每个人都特别累但是大家心里都憋着股不服输、不怕苦的劲儿，活儿干好了时间太晚了可能还玩会儿游戏直接睡在公司了。项目经理自掏腰包在公司存了个零食抽屉，饿了就去吃东西。经常半夜12点叫KFC在办公室吃。累，也苦，但是当时就觉得，能学东西啊，没事，也就真跟打了鸡血一样。

在老家的晚上10点我已经即将进入梦乡，在北京的晚上10点我在加班或者在回家的路上。从一个人怕走夜路的姑娘，直接升级成在空无一人的马路上能欣赏星星的“美少女战士”。

加班的一个原则是：“无论你昨天晚上几点到家睡觉，是凌晨3点、4点还是5点。第二天一早9点钟正常上班时间都要毫无倦意地出现在办公室里，算量、干活。”因为，班是给自己加的，不是给公司加的，更不是给领导加的。多劳、多得、多学就是这样。

“帝都”排名前三的国内事务所如此，后来我去了“魔都”设计类世界五百强的外资事务所。有这样一个场景：早晨我到办公室遇见一个多糟的工程都能干好的土建组的同事，问他：“昨天几点回去的啊?”他答：“12点。”我：“那么晚?”他答：“我都不好意思了，我们组都比我走得晚，组长凌晨4点走的吧。”

此时，上班时间到，他们组长神采奕奕地坐到办公桌前，完全没有一丝倦怠的气息，更没有我加班我累我很牛的神气。也就是，你完全看不出坐在这的这个人只睡了4个小时左右。

面对加班要有乐观的心态。“你的付出和收获将成正比。”这句话是面试我进北京这家造价师事务所的直属领导Z经理跟我说的。后来他也兑现了他的承诺。刚到他的团队，我是第一个季度里同级别员工绩效奖金最高的。那时候是做某物流全国的仓库项目。整个项目团队的十几个人几乎一起通宵加班，上到项目经理，下到实习生。干活到半夜的时候，领导会拿出零食来慰问大家，卤制的鸡爪子、酱肉等。空气里都是年轻人不服气的味道，每个人都在努力地工作，给自己挣得一个未来。比高考前在教室还要更加拼命。每次通宵加班之后，我的直属领导即使一晚上没有休息，还是会精神饱满地开始第二天的工作，丝毫看不出他有通宵工作一晚上的倦怠气息。有一次我在地铁里问他：“为什么这样拼命?”他说：“为了理想。”当时我被深深地震撼了，这是大学毕业工作之后第一个跟我谈理想的人。我一直以为在成年人的世界里只有房子、车子、“钱途”、前程。听到理想这个词的时候，我看到了他眼中闪烁着光芒。要以乐观的心态，为自己赢得未来。

加的每个班都是为自己加的。 公司的制度是今天加班晚了，第二天可以晚到或者不到公司工作，休息调整。我也以为这是正常的。后来和一个同事加班到凌晨回家。第二天早晨他按时出现在办公室，我问他原因。他淡淡地说："无论今天加班到多晚，第二天都要按时出现在办公室。这是基本原则。Z 经理一直是这样的。"工程造价的经验只能靠一个项目、一个项目地积累下来，加的每个班都为自己积累了宝贵的经验，都将成为自己应对未来的底气。

12

南方造价和北方造价

全国造价一家亲，南北造价各不同。

“我从‘帝都’跳槽到了‘魔都’。生活发生了很大的变化，‘魔都’和‘帝都’有很多的不同，上海的公交车会用听不懂的上海话报站，上海话像外国话一样完全听不懂，上海的夏天会有台风天，台风天里的云会在天上行走，上海有特色的生煎包……连工作用的造价软件都不一样。”

“让我再看你一遍，从南到北，像是被五环路蒙住的双眼，请你再讲一遍。”我听着宋冬野的《安和桥》一路从北方到了南方，从北京到了上海，五个小时的高铁，简单的行李。离开北京的时候北京的地铁从西直门坐到安河桥北还是两元钱。一个人去国家图书馆感受书和建筑的氛围，去冬天的北大校园在冰面上小心地走一走，去簋街吃小龙虾，去公司楼下不远的地方吃庆丰包子，去世贸天阶看天幕“全北京向上看”，去三里屯看各种肤色的时尚达人……

到上海之后的夏天，去看了韩寒的电影《后会无期》，在韩寒的故乡，看韩寒的电影。后来还去了电影的拍摄地“生是你的老百姓，死是你的小精灵”的东极岛。夜晚在海边的海鲜排档吹着海风、吃小海鲜喝啤酒……

一切都不太一样，包括工作也是如此。

（1）造价软件的不同

全国范围内北方地区，造价软件基本使用的是广联达，尤其是计价软件，非常统一。最多在安装计价软件时可能会接触到神机妙算或者鲁班软件，而且概率非常小。

北方已经基本实现了广联达“大一统”，南方还处于“军阀混战”，是什么软件都有的状态。

有用到浙江广达软件的，也有用到上海兴安得力和广联达13清单、江苏新点、港式清单的……真是五花八门，手上没几个软件“狗”一天都过不下去。随时切换各种模式。

浙江广达软件、上海兴安得力和广联达13清单、江苏新点、港式清单……这些软件都是这一两年里才接触的，好就好在只要定额和清单清楚，无论什么软件、什么地区的定额，都是触类旁通的。掌握了基本规律，也就很快都学会了。

由于这种频繁换软件的情况，就有了造价人员和“狗”的故事。

我常常干的事情是：装“狗”。这里的“狗”是广联达加密锁的代名词。至于为什么叫作“狗”，原因是加密狗的英文是encryption lock，本来应该翻译为加密锁。和调制解调器翻译成猫，鼠标翻译成鼠标一样，跟猫狗老鼠没什么关系的物品，被翻译之后就统统成猫啊狗啊的了。

本来我是不太用装“狗”的，装一次用一年还是可以的。

可是，自从到了北京，我手上的“狗”就多了起来。因为在一个市区造价师事务所的工程基本上就是本市范围内的项目，在省会造价师事务所的工程基本上就是本省范围内的项目，到了首都就变成全国范围内的项目了。也就是说，一天内可能上午干的是河北的项目，下午干的是江苏的项目，晚上就开始干东北的项目了。

工作的一大块内容就变成了装“狗”，卸“狗”，找“狗”……来来回回，换一个地区不折腾半小时是搞不定的。我和“狗”的故事，真是一部讲不完的血泪史。

在360搜索栏输入“广联达加密锁”之后的“画风”是这样的：

1）加密锁检测。

2）加密锁下载。

3）加密锁授权。

4）加密锁升级。

四大“神器”，刀刀毙命。加密锁检测不到，就是说，明明你的计算机装了软件，可是你的“狗”找不到了，那么，软件就不能使用。加密锁下载，之前是在广联达服务新干线上下载，现在是在广联达G+上下载，下载一个程序至少15分钟，而下载的程序不一定和你的软件匹配，如果不匹配，那么对不起，软件不能使用。加密锁授权就更有意思了，如果授权不成功，那么软件不能使用。加密锁升级，广联达会因为自己的软件漏洞或者国家取费政策调整等原因进行加密锁的升级，如果不及时升级，那么软件不能使用。

最痛苦的并不是有这么多的不能使用的条件，而是在此之外还有各种各样的未知因素导致软件不能使用。

比如，在我把加密狗驱动、云计价平台等全部重装完之后跳出了这样的提醒：软件崩溃无法使用。

真是欲哭无泪，怨天怨地不如怨自己。

于是，重新下载了云计价平台，重新安装加密锁程序，重新进行加密锁检测，重新进行加密锁授权……一圈下来，还是这样提醒。人生怎么可以如此艰难，所以，一个“狗”，我就装到了半夜12点。当时脑袋里就蹦出了这句话：“我爱装狗，装狗让我充实。”可是，好困，眼睛都睁不开了。

第二天一早，继续装“狗”，请教同事协同作战。每次装完之后，重启的瞬间，我就心里默默念“咒语”：一定要安装成功。结果，我装“狗”还是失败了。于是，我求助了万能的朋友圈。大家的回答是这样的：重启试试；重新安装；拍拍计算机……

你们是真爱么？是来帮我出主意的吗？

看到这里，你会说，还有广联达热线，求助啊。广联达热线的回答我都快背出来了：“计价软件请按3，请输入您所在的地区区号，按#键结束。”广联达客服三大宝：①加密锁医生；②远程协助；③全部卸载干净重装。如此一番也只能试试看了。试试看的结果可能还是软件不能使用。

造价员们装“狗”和软件“狗”荣辱与共同生共死的故事生生不息。唯有稳定的耐心来抵消软件的不稳定。办法一不行就试试办法二，办法二不行就试试办法三。要么，三个办法同时试试。总之，**喜欢就买、不行就分、多喝点水、重启试试，祝你好运。**

（2）沟通方式的不同

北方人性格像北方的西北风一样直接，沟通方式自然也就直接。有什么说什么，不留余地，喜欢就是喜欢，不喜欢也昭告天下。没有迂回，没有转折。所以北方有句话是能打一架就别吵架。南方则不同，上海常见的是一群人在长时间地吵架，分析事情前因后果谁对谁错。

13

检查是造价工作的生命线

没有检查这个环节就不是完整的造价工作。

“刚工作的时候遇到一个同事。工作很少犯错误。后来问他是怎么做到的。他回答了两个字‘检查’。并且嘲笑我说，你居然不检查?”

差不多先生、小姐，你们好。算工程量的时候总是少算、漏算，考试的时候总是拿不到 100 分。工作的效率总是低，时间久，质量差。到最后归结为：我天生粗心大意，就是差不多先生、小姐，差不多就好。干脆破罐子破摔，反正就这样，改也改不掉。永远只是差不多，就差那么一点。而从 0 到 1 也就差了一点。这一点却是决定成败的一点。

殊不知，粗心和细心都是一种习惯。聪明的人找方法，失败的人怨命运。习惯本身是可以养成和改变的。没有谁天生就马虎或者天生就细心，没有谁天生就是英雄或者注定就是蠢货。为失败找原因，才能慢慢地一步步改变习惯。马虎、效率低的背后更深刻的原因往往有：①并没有完全熟知工作的细部流程或者跳过流程；②做事的前后逻辑不好或者跳跃逻辑，甚至完全不讲逻辑；③没有好的检查方法甚至完全没有检查习惯；④**很多人避重就轻，把容易做的事情做好，逃避那些麻烦的、困难的事情。**

找到这些原因并且做出改变和调整，效率才能有一个质的改变。那些看起来是天才的人，只是背后有很多看不见的辛苦和努力的堆积，而那些看起来总是做不好事情的人，无非是一偷懒二认命的循环。

（1）将工作进行细部拆分，能拆多细就多细

很多事情看起来很容易，而处理起来却会遇到很多意想不到的情况。而这

些意想不到的情况往往决定了做事的效率和效果。像做数学题，开始的时候不能跳步或者省略步骤。跳步和省略步骤可能会导致整个题目的结果是错的。

算量的时候，如果只有CAD图样没有蓝图，那么图样说明和图样目录是要打印出来的，因为只有打印出来才能看得更仔细，否则容易漏项少内容。

而这些细节的地方拆分得够不够细恰恰决定了事情的成败。

（2）自我要求尽力设高，能多高就多高

习惯就是大脑开启自动档。你的自我设定的档位要是始终在一档上，那么任凭怎么加油，速度也提不上去。逐渐锻炼自己的思维肌肉，慢慢把思考的强度加上去，别给自己设置上限。觉得不可能到不了的也就注定了不可能到不了。而其实，总有人是已经开到了三档上的。

公司有个姐姐，跟她做了两天事情，节奏快到几乎没有时间上厕所，而她本人几十年就是这样过来的。问她为什么这么努力，她说："希望对事情的控制都在自己手上。"所以，没什么是不可能的。

还是村上春树的那句话：同情自己的人是懦夫。

（3）找到工作的内部因果关系、逻辑顺序

造价工作其实对逻辑顺序要求很严格。算量的时候，如果不按照一定的顺序和思路进行就很容易出错。计价的时候也是一样。比如，算给水排水工程量的时候，就要从给水的进线算到出线。从干管算到支管。算电气的时候也要从主配电箱算到分配电箱，从电缆算到电线。层级关系不能混乱，不能没有顺序。组价的时候也是按照一定顺序一项一项地组出来，而不是想到什么组什么。

前因后果如果搞不明白，那么事情很难做好。

（4）合并同类项，能批量处理就批量处理

批量处理和合并同类项是能大大提高劳动生产率的。比如，Excel里的筛选功能，就是很好的合并同类项和批量处理的工具。把同一种类的阀门筛选出来，先做处理，这样就比各种种类一起处理的效率高很多。

在做一件事情和处理一个问题之前要先想一想能不能批量处理和合并处理。如果有办法就一定要践行，而且一定能够提高效率、节省时间。

（5）检查的习惯一定要有，检查的方法一定要尽量革新，采取最有效和最先进的方法

刚工作的时候就被一个朋友嘲笑过。他说：“你居然不检查，不检查怎么能行?”所以检查的习惯和检查的方法是一定要有和要掌握的。另外还有一个朋友，高考数学考满分。据说他平时数学考试都是检查五遍的。毫无夸张的成分。所以，所有的完美的结果都是背后一遍遍的努力和校对过的。哪有那么多的一次成功，完美无瑕。那些效率高的人，不过是检查的方法比你好而已。所以检查的方法是要在工作中不断总结和思考的。

（6）逃避困难的，只做简单的部分

好逸恶劳逃避改变几乎是人类的天性。从原始人的基因里就注定了每个人都不想改变。而这恰恰是事情做不好的根本原因。不想做的、难做的事情不做的话其实也逃不掉，只是降低了做事情的效果。那么倒不如说服自己，迎难而上把问题解决在问题产生坏的影响之前。

没有谁天生就强。也没有谁天生就是差不多小姐、差不多先生。

不一样的只是对细节的关注，对自我的要求，做事的方法和对困难的态度。

仅此而已。

14

甲方、乙方和第三方

"屁股"决定立场，立场决定造价。

"上大学的时候听老师说，真正的高手造价工程师能根据自己所在立场的不同，用不同的定额，决定一个项目造价成本的高低。后来我才理解这一点。"

在一个工程中，一般称投资方为甲方，负责具体施工方为乙方，监理工程师和造价工程师为第三方。在工地上会以不同颜色的安全帽来区分三方，一般施工方为黄色安全帽，监理方为蓝色安全帽，业主方（投资方）为白色安全帽。

作为投资方希望项目能够节约成本实现利益最大化，作为施工方则希望拿到更多的工程款实现利益最大化。双方为互相矛盾的双方。业主方的造价工程师维护的是业主的利益，而施工单位的造价工程师则是维护施工方的利益。这样同样的工程在不同造价工程师手上的报价就可能相差甚远。而工程造价没有完全正确的答案，只有最接近成本的答案，没有谁会得100分，只有永恒的利益。

工程造价由工程量和工程价格两部分组成，计算出工程量之后计入相应定额，最后计入工程材料价格，进行取费，最后得出工程造价数据。工程量由图样按照计算规则计算得出比较客观。工程材料价格一部分是由政府造价部门出版的《造价信息》提供，一部分需要根据不同工程、不同品牌询价得到，还有一部分是造价工程师的经验数据。

同样的工程子目可以用不同的定额计取，而且都可以讲出合适的理由。这就要根据工程造价人员所在的不同立场来自由选取运用不同的定额。比如，室外管网的挖填土方就可以计取市政定额和普通安装定额。两个定额都是土方的挖填，价格相差却很大。

同样的工程子目、同样的定额、同样的材料品牌，不同的供应商价格也会相差很大。只要提供价格的合理出处并且价格在平均范围内，就可以使用。

作为不同立场上的造价人员要恪守职责，维护本立场的利益，提供相应的造价报价策略。而施工单位的造价人员往往面临一个角色切换的问题。面对业主单位需要努力把利润放大到最大，而面对专业分包单位又要把每一部分的价格降到最低。

第五章
造价学生

工作三年是职业生涯的一个变化期，就像感情有“三年之痒”和“七年之痒”，在这个时间节点上，每个人都会有职业发展前景的迷惘，在梦想和现实之间徘徊。

01

工程造价职业发展

你要走向何方？

“工作第三年的时候，每个人都会开始考虑自己未来的发展，像师傅那样35岁拿到30万元左右还是怎样？”

工程造价人员职业发展有以下几个方向，暂且以工作地点和时间轴做一个简单的划分：

造价师事务所：1～3年，造价工程师；3～5年，项目负责人；5～10年，部门负责人；10～20年，公司合伙人。

房地产公司合约部：1～3年，造价工程师；3～5年，成本部专业负责人；5～10年，成本部经理；10～20年，项目财务总监。

需要考的证书：助理造价工程师证书（职称）、注册造价工程师证书（执业证书）。

当然还有各式各样的其他方向。无论在造价师事务所还是在房地产公司，整个工程造价职业伴随着终身的学习和积累过程。要成为一个合格的工程造价人员是一条漫长而并不容易的路。不说上知天文下知地理，也要从设计到施工，整个建筑的方方面面都要有所精通。而学好这些知识只是做好工程造价工作的基础，更多的是在工作实践中和方方面面的人沟通，协调各种和工程价款有关的事宜。但凡涉及钱的事情，每个人都会据理力争。而据理力争就要有争取的基础、条件和方式方法。每一步都不是那么容易的。

02

全过程跟踪审计

深入造价的第一现场：工地。

“被派去跟踪审计一个120m的高层酒店公寓项目，这是当地的一个地标项目。需要长期住在工地。这是第一次做跟踪审计项目。”

建筑工程项目全过程跟踪审计通俗地说就是，整个项目从开始到最后竣工，作为工程造价人员，要对项目的投资控制全程负责；书面上讲，是指审计部门依据相关法律的规定，对建筑工程项目从项目建设前期准备工作至项目竣工验收交付使用全过程全部经济活动的真实性、合法性、合规性、完整性和效益性进行监督、检查和评价，并针对建设过程中存在的问题及时提出审计意见和建议，促进基建部门、施工单位、监理单位等强化管理，有效地控制工程成本，保障建设资金的合理使用，提高建设项目投资效益。

跟踪审计人员是业主权益的捍卫者，需要长期待在施工现场，跟施工人员与工程一起成长；主要工作是帮助业主进行业主合同条款的起草提议、材料采购、工程进度款审计等；需要有很好的沟通和谈判能力；需要参与业主的各类工程会议，在避免不必要的权利斗争，捍卫业主权益的同时，也要保证造价师事务所的权益不受损害。

每个月月底施工单位的合约部工程师会把本月发生的进度款申报上来，根据申报的进度款进行审核，会遇到以下几种情况：**①进度款所申报的进度和实际进度不符。** 理论上来说，施工进度的审核由监理公司负责，而发生的建筑成本是工程审计人员负责。造价人员对施工进度状况必须实地了解。每次施工单位申报进度款之后，造价人员都需要现场勘查进度状况。**②进度款申报款项与**

造价定额及计算规则不符。 比如给水排水工程的管件，工程造价计算规则上规定是不另行计算的，管道定额中已经包含这一部分工程量的价格。但实际施工中大的管件往往比定额给出的价格要高。施工单位工程师会把这部分价格申报上来，造价人员就要对此和施工单位人员进行协商。**③进度款申报存在虚报和假报的情况。** 比如安装工程中的管道支架就很容易出现这种情况。由于管道支架在图样中不会涉及，工程量较大，并且难以核对，涉及的工程款金额也较高，这时候就需要工程审计人员做现场抽样，检测支架所用钢材工程量。核对工程进度款的过程，是个斗智斗勇，与施工单位合约部造价工程师不断谈判和沟通的过程。我当时跟踪的项目，施工单位每个月进度款报到 500 万元，审核下来基本是 200 万元左右。

参加业主招标采购以及合同起草会议也是现场跟踪审计的重要工作。面对业主合约部、工程部等人员要做到态度上不卑不亢，提出的建议要有理有据，拿出有根据的经验数据，配合、协助、维护好业主的利益。

现场跟踪审计是件很辛苦的事。看工程进度，30 多层楼，由于每层都有不同状况的进度，要一层一层爬上去看，每层都要看工程施工情况。施工现场往往不同的标段有不同的施工单位，对于不同的施工单位造价人员，现场跟踪审计人员要对进度款进行随时沟通。对业主各种合理以及不合理的要求都要拿出服务意识妥善解决。

在这样的过程中，现场审计人员的成长是迅速的。没有在施工现场工作过的造价人员，对图样上显示的内容缺少从抽象到具体的认识，也就没有办法真正把工程量算到精准。没有在施工现场工作过的造价人员，没办法理解一个工程凝聚了从业主到设计单位再到施工单位多少人的汗水和心血，也就没办法体会自己算出的数据对工程参与的所有人的意义。没有在施工现场工作过的造价人员，没办法理解施工人员才是一个工程的主人，是他们在用生命来构筑一个项目。

不是所有造价人都能有幸看见自己算过成本的工程金光闪闪地耸立在生活的大地上，不是所有造价人都能看见自己在图样上一点点算过工程量的项目能够从一片废墟变成生机盎然的空间。造价人很像工程界的养蚕者，只是看见了蚕宝宝吐出的丝，很难看见丝织出来的衣服。而幸运地参与了全过程跟踪审计的造价人员正是从一个项目开始，看着它一砖一瓦地成长起来。此生也便有了一个建筑，成为生命的一部分。

跟着一个工程从只有基坑基础到一层一层地耸入云霄是件值得回忆的事情。这个工程带着你的记忆、带着你的心血，也就变成了你生命的一部分。第一次坐施工电梯，从一层到三十层，腿有点抖，心跳也加快，电梯很像美国恐怖电影里的铁笼子，带着呼呼的风声，好像一不小心就会跌落下去。第一次和工地技术员一起看现场，很是谨小慎微，生怕被技术员看出有什么专业不足。第一次给甲方业主汇报工作，很是小心翼翼，生怕有什么地方有所疏漏。第一次和施工单位造价人员发生争执，会很愤慨，到后来理解了大家只是工作立场不同，做事情还是要心平气和。

03

待到他日做甲方

你要我替你吃饭么？

“作为负责人，负责一个外资住宅项目。每个周一到业主那儿开例会。负责项目的上传下达工作。”

遇到过很多甲方。做酒店的业主，做食品的业主，做住宅的业主……每个业主都有自己的“脾气”。

我曾遇到过一个脾气非常火爆的甲方。这个项目的业主是业内有名的港资地产大亨，是撤资之前在上海的最后一个项目。业主的上层主要是香港人，合约部主要成员有三个人。我所在的造价师事务所是这个项目的全过程跟踪投资监理。从招标清单、项目标底、进度款审计到项目结算，全部负责到底。业主合约部成员负责对我们工作的检查和提建议。当时我同时进行着 7 个项目，而这个项目是其中比较大的。整个项目的安装专业清单有十几个人在做。业主合约部直接对接的人是我。我对接下面的十几个人。

整个项目对格式的要求非常高。首先，几百页的清单，全部需要从 Excel 转成 PDF 格式，并且不允许任何一行有压线挡住文字的情况出现。而 Excel 表格会出现，在 Excel 里文字显示全部，而在 PDF 中显示就会压住半个文字的现象。我们只能一行一行地检查。其次，港资清单都是以 A、B、C、D 为编码依次排列下去，不允许出现重复或少填写现象。

业主合约部的小姑娘脾气很火爆。电话打过来之后就是：“某某专业的某某清单是你负责的？怎么犯那么低级的错误？给我去查图样去。这么简单的事情都要我查，饭是不是要我替你吃？”刚开始的时候，看到这个电话号码就会恼火。后来总结出一条，接到这样的电话，先把问题全部揽下来，一条一条记录好，然后传达给相应的负责人，而且脾气要好，不能发火。再到后来，接到小姑娘的电话，先“好好先生”当到底，所有问题都说好，居然也能做到心平气和。脾气就这样一点点地磨炼出来了。作为服务行业，这是基本素养。

有一次卷入这个业主合约部和工程部的内部斗争。合约部经理给我打了半个小时电话，跟我说这个图样问题一定要抄送所有领导（我们简称抄送全世界），说是工程部的审核问题。这种情况作为第三方投资监理如果抄送全世界势必招来工程部的报复。从未遇到过这种状况的我不知所措，立刻向我的直属经理汇报。经理不急不躁地说，“这个事情我来处理吧，你不用管了。”我一下就有了被解救的感觉。后来，经理采取了拖着不行动的策略，最后业主合约部的人问我邮件的事情，我说由我的经理来解决。而我的经理以不反对、不行动的方式解决了这个危局。

我曾做过某港资食品公司的酒店项目。分标段进行开标，开标的时候十分严格，实行封闭式开标。开标地点一般为这个公司的会议室，会议室内有摄像头，需要上交手机，去卫生间的时候需要有人陪同。上午开标，做每个投标单位的投标分析，下午进行可竞争性商务谈判。开标过程十分紧张，一天下来也比较辛苦。唯一开心的是，这个食品公司有各种各样的零食提供给我们。

这个公司开标的时候一般是合约部两个人，公司工程部、公司投资部共同参加。采购灯具的时候，知道这家食品公司不但有酒店，还生产自己的灯具。作为一个食品公司，它的工程部的一个员工体重一年增长10斤，三年增长了30斤。整个公司所有员工的办公桌上都有自己公司生产的各种零食，公司新生产出来的零食还会让公司员工免费试吃。

造价人员和设计人员的恩怨

造价人员和设计人员之间的恩怨已久。行业里流传一句话：“甲方虐我千百遍，我待甲方如初恋。待到他日做甲方，虐遍天下设计院。”虽然这句话有明显的逻辑错误，甲方“虐”你，你成为甲方，“虐”设计。有点一朝媳妇熬成婆然后“虐”儿媳妇的味道。但事实上，造价人员和设计人员确实是“相爱相杀”很多年。既是站在同一个“战壕”为业主服务的人员，也是互相嫌弃的一对。

造价人员是设计人员的半个审图员。 图样没有图例怎么办？打电话找设计师。图样设计说明不明确怎么办？打电话找设计师。系统图和平面图不相符怎么办？打电话找设计师。总之，就是和图样相关的所有问题都问设计师。常见的情景是这样的：

造价工程师："喂，是×工吗？××项目的图纸样××专业是您画的吗？"

设计师："嗯。"

造价工程师："我是这个项目的造价工程师，您这个说明是这样的，对吗？"

设计师："哦，我漏了××，我修改一下。"

造价工程师："好，那您改好之后发我一份，抄送我们项目负责人和业主，谢谢。"

这是比较好的情况。也有遇到脾气不好的设计师被反驳的时候。刚工作的时候，遇到图样喷淋管道规格不明确的问题，打电话问设计师，设计师直接气势汹汹地说："你按规范自己看看该布置什么管子好了，这个我们都是不画的。"当时年纪小刚工作，遇到的情况比较少而且还不敢说什么，后来跟项目经理说起这个事情，经理说："我们造价都会设计了，还要设计师干啥？"后来项目经理直接把设计师请到公司来把图样的所有问题都统统解决了。

设计师是工程造价人员的事故挡箭牌。 造价工程师拿到图样后，一般项目经理都会要求各个专业负责人先把图样从头到尾看一遍，然后把图样问题罗列一下，填在公司通用的表格里，项目经理会把这张表以邮件的方式发给设计师并且抄送业主负责人。这封邮件的主要目的就是告诉业主，造价工程师的工作有多么困难，图样画得多么差，我们的工作时间如果拖延了请找设计师，我们的工作出了偏差请找设计师……总之，无论什么不好的情况，都是由于设计师的图样造成的。

设计师和造价工程师是同一个"战壕"的伙伴。 网上有这样一个段子："一个设计师的计算机里文件夹的名字是这样的'第一稿图样、第二稿图样、第三稿图样、第四稿不再更改图样、最终版图样、最最后一般图样……'"而一个造价工程师的计算机里文件夹的名字又何尝不是一样，"第一稿图样清单、第二稿图样清单、第三稿图样清单、第四稿不再更改图样清单、最终版图样清单、最最后一般图样清单……"设计师跟着业主的要求更改图样，造价工程师跟着设计师改工程造价，设计师加班，造价工程师跟着加班。设计师和造价工程师是同一个"战壕"里为业主服务的战友。

04

怎样突破年薪30万元

30万元只是个数字，路还很长。

工作了3~10年，拿到了造价工程师、一级建造师等各种证书的你，是不是依然会觉得困惑，找不到升职加薪的出口？这个社会对一个人的生存能力的要求残酷而且竞争激烈。

先来看一则招聘信息：

职位：成本及合约总监

工作地点：北京环球主题公园及度假区

年薪：60万~90万元

职位描述：

1）15年以上招标、采购、成本及合约管理经验。

2）熟悉土建、机电、装饰、园林等专业的材料、设备、造价。

3）沟通协调能力强，能独立组织并管理材料、设备、工程的采购工作。

4）熟悉的成本控制、合约管理、合同的变更洽商审核、付款、合同结算工作。

5）熟悉国家清单计价规范、计量原则，以及相关法律法规。

6）五星级酒店或综合商业类项目的招标、采购、成本及合约综合管理经验。

7）良好的英文听说读写能力。

分析：

要获得这样的职位和年薪需要的技能如下：

1）大于15年的造价管理经验。

2）五星级酒店或商业项目招标的综合成本管理经验。

3）良好的英文听说读写能力（外资公司的基本要求）。

这三点都具备，就有机会得到这样的职位。

再来看一则招聘信息：

职位：成本中心总经理

年薪：100万~120万元

工作地点：广西

基本要求：本科及以上学历；10年以上工作经验；普通话；年龄35~45岁

职位描述：

1）建筑、工程管理、工程造价类等相关专业本科以上学历。

2）中级以上职称或持有相关国家建设工程注册执业证书者优先。

3）8年以上大中型房地产开发企业招标管理工作经历，其中5年以上管理岗位经验。

4）具有大成本控制理念，熟悉招标管理工作流程、房地产开发流程。

5）较强的沟通谈判能力，具备较强的法律风险控制意识。

6）有百强地产集团同等岗位经验优先。

分析：

要获得这样的职位和年薪需要的技能如下：

1）大于8年的造价管理经验。

2）有百强地产集团同等岗位经验。

而这些条件都具备了就能拿到这样的年薪吗？当然不是。沟通协调能力强，能独立组织并管理材料、设备、工程的采购工作也是必须具备的能力。

进入地产公司做成本的基本要求是什么？

地产公司做成本分为三级进阶：基层、中层、高层。

这里的基层是指在地产公司工作不超过3年的“小白”，中层是指在地产公司工作3~10年的成本工作人员，高层是指在地产公司工作10年以上的成本工作人员。

对基层成本工作人员的要求是：具备技术、经济、法律基础；会算量、计价等。任何成本管理都是技术与经济的结合。但是在当今更为突显。EPC、

PPP、BIM、装配式等都有一个共同的特点：集成化。

对中层成本工作人员的要求是：懂得三分技术、七分管理。重点是要懂管理。有句话是："决策挣大钱、技术挣小钱。"成本因选择而起，没有选择就没有成本。对于一个决策：做还是不做？住宅还是别墅？地下一层还是两层？地上外立面是石材还是真石漆？这些都是一个中层成本工作人员时刻面临的选择。一个中层成本工作人员必备的专业技术有成本专业技术、项目管理技术、施工技术等。对于成本管理，思想观念问题不解决，光靠成本管理专业技术上的努力，只能触及皮毛。

高层成本工作人员的重点任务是协调好团队作战。正所谓**一个人再优秀也干不过一个团队。**首先要做好自己，即自己的角色认知。其次要主动协同，找到"关键人"，项目管理中有一个特别重要的概念——"干系人管理"。而我们常常遇到的问题是，凡事自己独自解决。所以为什么我们很难在前端有所成就？——过于依靠自己、单打独斗。

成本管理的实质是资源分配的管理。管理者的任务是**时间管理。**管理对象的任务是资源如何配置。价值工程又称为价值分析，是一门新兴的管理技术，是降低成本提高经济效益的有效方法。

做好成本的方法可以简单总结为四字箴言：方向+方法。

这里的方向可以分为：目标导向和**角色**导向。其中**目标**导向包括市场导向、产品导向、利润导向、**角色**导向。简而言之，就是在取和舍之间做一个权衡，在名和利之间做一个分割。**角色**导向主要分为"三个代表"：①代表股东利益：控制成本、提高利润；②代表客户利益：控制成本、提高让渡价值；③代表供方利益：控制成本、携手共赢。

方法：①重点导向；②事前预控（20180原则）；③设计、策划。

做好成本的口诀是：设计挣大钱、招标省小钱、变更结算挤牙缝钱。

对于时间管理，四象限法则是时间管理理论的一个重要观念，是应有重点地把主要精力和时间集中地放在处理那些重要但不紧急的工作上，这样可以做到未雨绸缪，防患于未然。在建筑工程中，四象限法则的运用为：**①重要，但不紧急**：基础性工作、组织性工作，包括事前权责、制度、培训、沟通，产品标准化、设计标准化、合作伙伴的培养、竞争环境的营造。**②重要，且紧急**：设计优化，指的是事前。**③不重要，但紧急**：招标、变更，指的是事中。**④不**

重要，不紧急：中期付款、结算，指的是事后。另外值得注意的是，**成本问题背后都是人的问题。** 这里的人指的是工程相关人员，根据干系人管理，按照对成本的影响度进行分类管理，主要包括：①公司内部：总裁、职能部门总经理、项目总经理、部门经理、同事；②公司外部：权力机构，如规划部门、审图部门、消防部门、人防部门、水电配套部门；③合作伙伴：勘察企业、设计企业、供货企业、施工企业、监理企业、QS。

05

怎样做好 EPC 项目造价

EPC 更重的是责任，更远的是路。

开始做 EPC 项目造价了，可是什么是 EPC？有什么难点？怎样才能做好？

EPC 是英文 Engineering Procurement Construction 的首字母缩写。它是近几年工程的一个方向，造价工程师考试也加入了这个考试内容，重视程度可见一斑。其中文含义是负责对一个工程进行设计、采购、施工，与通常所说的工程总承包含义相似。一般工程总承包是指对工程负责设计、采购设备、运输、保险、土建、安装、调试、试运行，最后机组移交业主进行商业运行。

EPC 项目的风险有：

1）业主不能对工程进行全程控制。

2）总承包商对整个项目的成本工期和质量负责，加大了总承包商的风险。总承包商为了降低风险获得更多的利润，可能通过调整设计方案来降低成本，可能会影响长远意义上的质量。

3）由于采用的是总价合同，承包商获得业主变更令及追加费用的弹性很小。

EPC 项目的好处有：

1）业主把工程的设计、采购、施工和开工服务工作全部委托给工程总承包商负责组织实施，业主只负责整体的、原则的、目标的管理和控制，总承包商更能发挥主观能动性，能运用其先进的管理经验为业主和承包商自身创造更多的效益；提高了工作效率，减少了协调工作量。

2）设计变更少，工期较短。

3）由于采用的是总价合同，基本上不用再支付索赔及追加项目费用；项目的最终价格和要求的工期具有更大程度的确定性。

我现在工作的设计院是全国为数不多的具有 EPC 总承包资质的设计院。公司对应届毕业生的招收要求是毕业于 985 建筑类高校，整个公司充满了一种理工科院校的气息，认真、严谨、低调，还会有点意想不到的幽默。各个建筑分所的所长及副所长具有十分强的专业能力、谈判能力和英语能力。和 40 岁以上的所长聊美剧是很愉快的事情。公司内部项目技术会议一般采取头脑风暴模式，不会有严格的上下级的职务级别区别，技术面前人人平等，每个参加会议的人员都有畅所欲言的权利。开会的效率很高、收获很多。

做 EPC 工程的造价人员是有机会参加一个项目从设计方案时期估算、项目概算、预算、过程控制和项目结算的全过程的。一个项目做三五年的时间十分正常。对于做 EPC 项目的造价工程师是件很具有挑战性的事情，因为之前被肢解的造价工作集于一身变成“保姆”工程。与设计人员在同一团队，之前说过的有“锅”推给设计师是行不通了，反而要为整个团队分担困难。EPC 项目的造价工程师要具备施工方造价工程师分毫必争的能力，也要有投资监理造价工程师的谈判能力和造价控制的大局观。在项目投标阶段，要能编制清单，在项目施工阶段要能做进度款申请报告，要时刻拿捏好自己的身份和角色，要更好地做到造价的事前控制。

06

装配式住宅的成本控制

像搭积木一样建房子。

“像造汽车一样造房子”是法国建筑大师柯布西耶提出的。起初的发展得益于工业革命和城镇化，大量农民进城导致城市住宅紧张，高速发展始于第二次世界大战之后，欧洲国家及日本进入了房荒，迫切需要解决住宅问题，促进了装配式建筑的发展。

“拼装房”是装配式住宅的通俗称呼，它的全称是预制装配式住宅，是用工业化的生产方式来建造住宅，是将住宅的部分或全部构件在工厂预制完成，然后运输到施工现场，将构件通过可靠的连接方式组装而建成的住宅。在欧美及日本被称作产业化住宅或工业化住宅。“拼装房”的不同，只是部分零件进行了预制，到施工现场也要和传统建筑一样浇筑，并不是想象中的“搭积木”。因此房屋建成后从外观根本看不出区别。

国外发展现状如下：

（1）美国

美国装配式住宅盛行于20世纪70年代。1976年，美国国会通过了国家工业化住宅建造及安全法案，同年出台了一系列严格的行业规范标准，一直沿用至今。除注重质量，现在的装配式住宅更加注重美观、舒适性及个性化。据美国工业化住宅协会统计，2001年，美国的装配式住宅已经达到了1000万套，占美国住宅总量的7%。在美国、加拿大，大城市住宅的结构类型以混凝土装配式和钢结构装配式住宅为主，在小城镇多以轻钢结构、木结构住宅体系为主。

美国住宅用构件和部品的标准化、系列化、专业化、商品化、社会化程度很高，几乎达到100%。用户可通过产品目录，买到所需的产品。这些构件结构性能好，有很大的通用性，也易于机械化生产。其特点有：

1）建筑基本为钢—木结构别墅，钢结构公寓。

2）建材产品和部品部件种类齐全。

3）构件通用化水平高、商品化供应。

4）部品部件品质保证年限。

（2）德国

20世纪70年代东德的工业化水平达到90%，是工业化水平很高的国家。

德国的装配式住宅主要采取叠合板、混凝土、剪力墙结构体系，采用构件装配式与混凝土结构，耐久性较好。德国是世界上建筑能耗降低幅度最快的国家之一，近几年更是提出发展零能耗的被动式建筑。从大幅度的节能到被动式建筑，德国都采取了装配式住宅来实施，装配式住宅与节能标准相互之间充分融合。其特点有：

1）第二次世界大战后采用多层板式装配式住宅。

2）新建别墅等建筑基本为全装配式钢—木结构。

3）有强大的预制装配式建筑产业链。

4）高校、研究机构和企业研发提供技术支持。

5）建筑、结构、水暖电协作配套。

6）施工企业与机械设备供应商合作密切。

7）机械设备、材料和物流先进，摆脱了固定模数尺寸限制。

（3）日本

日本建筑木结构最多，以框架为主，抗震技术优先。

日本于1968年就提出了装配式住宅的概念。1990年推出采用部件化、工业化生产方式、高生产效率、住宅内部结构可变、适应居民多种不同需求的中高层住宅生产体系。在推进规模化和产业化结构调整进程中，住宅产业经历了从标准化、多样化、工业化到集约化、信息化的不断演变和完善过程。日本政府强有力的干预和支持对住宅产业的发展起到了重要作用。比如，通过立法来确保预制混凝土结构的质量；坚持技术创新，制定了一系列住宅建设工业化的方针、政策；建立统一的模数标准，解决了标准化、大批量生产和住宅多样化之间的矛盾。其特点有：

1）木结构占比超过40%。

2）多高层集合住宅主要为钢筋混凝土框架（PCA技术）。

3）工厂化水平高，集成装修、保温门窗等。

4）立法来保证混凝土构件的质量。

5）地震烈度高，采用装配式混凝土减震隔震技术。

（4）英国

英国选择发展钢结构的道路，新建项目钢结构占70%。其特点有：

1）钢结构建筑、模块化建筑，新建占比70%以上。

2）从设计、制作到供应的成套技术及有效的供应链管理。

（5）法国

法国选择发展预制混凝土结构的道路。其特点有：

1）1959～1970年，19世纪80年代后已成体系。

2）绝大多数为预制混凝土。

3）构造体系尺寸模数化，构件标准化。

4）少量钢结构和木结构。

5）装配式链接多采用焊接和螺栓链接。

（6）丹麦

丹麦产业化发达，产业链完整。其特点有：

1）以混凝土结构为主，受法国影响。

2）强制要求设计模数化。

3）预制构件产业发达。

4）结构、门窗、厨卫等构件标准化。

5）采用装配式大板结构、箱式模块结构等。

（7）瑞典

瑞典以木结构建筑为主。其特点有：

1）装配式木结构产业链极其完整和发达。

2）发展历史上百年，涵盖低层、多层甚至高层。

3）90%的房屋为木结构建筑。

（8）加拿大

加拿大多为剪力墙空心楼板，严寒地区混凝土装配化率高。其特点有：

1）类似美国，构件通用性高。

2）大城市多为装配式混凝土和钢结构。

3）小镇多为钢或钢—木结构。

4）6℃以下地区，为全预制混凝土（含高层）。

（9）新加坡

新加坡政府作用显著，无地震，以剪力墙为主。其特点有：

1）新加坡80%的住宅由政府建造，20年快速建设。

2）组屋项目强制装配化，装配化率为70%。

3）大部分为塔式或板式混凝土，多高层建筑。

4）装配式施工技术主要应用于组屋建设。

推广绿色建筑是共识。我国重点推行装配式混凝土结构，即PC。PC为Precast Concrete（混凝土预制件）的英文首字母缩写，在住宅工业化领域称作PC构件。与之相对应的传统现浇混凝土需要工地现场制模、现场浇筑和现场养护。

在造价成本控制上，装配式建筑和传统建筑也有所不同，面临以下几个问题：

1）构件部品价格问题。装配式部件多少钱一个并没有统一的标准。由于目前我国装配式建筑标准化设计程度很低，构件部品的非标准化、多元化必然导致构件信息价格不完备性和差异性。缺乏反映装配式建筑工程构件价格的市场动态信息，报价也没有统一的市场标准，导致构件价格信息的缺失与失真。目前预制装配式建筑通常仅是将现浇转移到工厂，构件厂没有固定产品，按照项目要求被动生产，构件的标准化程度不够，构件部品是个性化的，有些项目甚至使用专利产品。比如，国内防水胶条的使用周期和墙体的使用周期严重不匹配，进口产品的价格差异很大。虽然一定程度上可以通过定额计价的方式确定成品构件价格，但预制构件价格中不仅包含人工费、钢筋与混凝土等原材料费和模板等摊销费，还增加了工厂土地费用、厂房与设备摊销费、专利费用、财务费用以及税金等，使得构件价格的确定存在很大的不确定性。

2）管理费、利润和规费等计取基数与费率的适用问题，措施项目费计价依据的适用与缺失问题。传统现浇建筑的管理费和措施的取费已经不适用于装配式住宅了。

每一项新的建筑技术的推行，必然引发工程造价管理的革新。所以造价工程师是一个要求从业者不断学习与时俱进的职业。

07

造价机器人来了，你准备好了吗？

机器人会取代你吗？

（1）假想

在2017年的上海，出一份造价标底的流程是这样的。项目经理大H接到了地产公司老L的项目任务委托书——××滨江苑做标底。同时，大H拿到了设计院的图样，甲方的前期估算、概算、合同等。大H召集土建、安装等专业的造价工程师，安排了具体工作和时间节点。各个工程师在时间节点内完成了工程量计算和清单的编制。大H进行了汇总、取费、校审等工作。之后大H把工作成果交给老L。问题来了，老L说标底价格偏高，需要酌情进行调整。于是，大H又召集造价工程师，调整标底价格。总耗时：14天，即2周。

在2075年的上海，出一份造价标底的流程是这样的。造价机器人小A直接运用大数据及BIM平台，公开、透明、公平、公正地直接生成了造价标底。总耗时：20分钟。但是问题来了，地产公司的老L说标底价格偏高，请酌情调整。小A是否明白呢？

（2）未来已来

2017年6月18日，京东配送机器人正式投入运营，在中国人民大学完成首单配送任务。目前，小型无人车可放置5件快递，每日配送10～20单。配送过程中，无人车车顶的激光感应系统会自动检测前方行人和车辆，会自动停车避障，可攀登25°的上坡。

机器人要取代快递了。未来“饿了么”如果用机器人送外卖，中途坏了，我们会挨饿吗？

微软公司研发的人工智能（AI）机器人名叫 Tay，2016 年 3 月 23 日正式出现在社交网络 Twitter 上，由微软的技术研究和必应团队开发，但是在 Twitter 上推出仅仅一天，他们就需要终止这一实验并进行相关纠正。因为这个机器人在上线之后跟多人聊天，仅一天时间就学会了脏话和一些违规言论，并且开始就这些言论随意发帖。

2017 年，5D 云机器人造价师助理面世。5D 云机器人运用了“BIM（建筑信息模型）+云+AI”技术，通过 BIM 技术和 AI 技术，快速实现了清单列项和工程量计算工作的计算机化，可在 1 小时内完成以前需要数天才能完成的清单列项工作，并同步瞬时完成以前需要数天才能完成的工程量计算工作，从而大大缩短了以前需要数周才能完成的工程量清单编制工作。

（3）破冰

对于我们每个人而言，这不再是一场浪漫的阳春白雪，而是一场逃亡。是时候做点什么了。

造价工程师应当具有丰富的建筑、经济、金融、法律等综合知识。

建设项目的实现过程与一般的产品不同，它是在许多不确定性外部环境和条件下进行的，所以从横向来看，工程造价中包含了三种不同的成分，即确定性造价、风险性造价和完全不确定性造价，这些内容一直贯穿项目建设始末。确定性造价可直接根据以往工程造价的基本常识进行简单的数值计算，而风险性和不确定性造价则更多考虑复杂的市场影响因素（如市场需求与供给的变化、币值的变动、弹性因素、国际金融市场的波动及国家财政和税收政策的调整等），而这些又是建立在经济学（主要是价格、弹性理论、宏观经济理论）、财政学和投资学等理论基础之上的，这就要求造价工程师不但要精通建筑管理，还应精通以上理论且能融会贯通，才能适应行业发展和市场竞争的需要。

造价工程师应当具有良好的职业道德操守和社会责任心。造价工程师必须具有谦和、诚实、公平、公正的素养，有较强的组织协调和适应能力，敢于抵制行业不正之风，坚持实事求是的工作原则，自觉维护行业形象，把造价咨询工作视为人生职业规划的核心部分，终身为之学习和奋斗。

08

做造价最难的和最高级的是什么?

愿你努力认真有回报，愿你善良而有锋芒。

（1）最难的是认错

之前发出的一个清单，经过业主、投资监理的流转之后被返回来了。没有要求修改，只是要求复核。所谓的复核就是认错、挺住挨打、站稳。Check（复核）数据，Check 什么呢？还要 Feed back（反馈）。

人本来就是不爱认错的动物。承认自己的错误本来就不是一件容易的事情。面对错误人的本能行为是逃避。因为这些错误很多不是表面看起来那么简单。一个看起来不大的错误背后可能反映出一个人常年累积下来的错误思维方式和生活习惯。

一个数据的错误是因为粗心还是因为积累不足或是思考方式错了？粗心是因为态度还是因为身体状况不佳？积累不足是不是你根本就不清楚这个数据应该有的范围？严谨本身就不是一个瞬间动词，而是一个长期性的持续习惯动作。最难的不是看到表面的错误，而是认错之后，反省错误背后的习惯性力量和怎样去改变。和自己的劣根性告别。最难的是认错，同时及时复核、总结和发现并且勇于面对自己的“不好”。争取下次做对、做好。

（2）最高级的是“不认错”

造价很多时候不是认错那么简单。比如几方会谈的时候，会有这样一种场景：业主、投资监理、设计各个公司的人在一起开会。几方开会就意味着每个人都有自己所处的立场、位置，从而也就决定了每个人要追求的不同利益，以及由此一定会产生的冲突和矛盾。面对这样的冲突和矛盾，重要的不是对错，而是谁的道理更权威、逻辑性更强、更站得住脚。因为本来就不存在绝对的对错，存在的只是哪种选择和结论对哪方更有利。

业主方一般是最强势的一方，因为“财大气粗”，其他几方都是它花钱请来为他服务的。设计方一般是第二强势方，是建筑的最上游，决定了建筑的成本，技术核心。投资监理、造价方就处于相对低位。这时候，倘若业主方内部有矛盾冲突，常见的是合约部和工程部在“战斗”，出来“背锅”的一般是投资监理和造价方。工程造价做的高说你高，低说你低，不高不低说你钢筋价格高。这个时候，作为造价人员怎么办？

要时刻提醒自己的是，我们是服务业的同时也是做商务的。做好商务的一部分就是用专业数据和理论基础保护自己不“背锅”。也就是一定要有底气，当机立断且见机行事地坚持自己做的造价数据，不该背的“锅”，坚决不背。这样往往更能得到业主和各方的尊重和器重。倘若在这种情况下认错低头，真是步步被人欺负的节奏。

不轻易认错是造价人员的最高级境界。这也是一个前辈送给我的一句话：“愿你善良而有锋芒。”坚持自我见解的谈判是对自己和团队的一种保护。而这种保护是建立在专业积累和大量的数据计算以及对处理工程案例的充分理解的基础上的。

09

BIM 时代的造价工程师

是场大逃亡还是阳春白雪的畅想。

BIM 是 Building Information Modeling（建筑信息模型）的首字母缩写。BIM 技术即关于建筑信息模型化和建筑信息模型的技术，包含了一整套把二维平面图转化成三维立体可视图的软件。随着 BIM 时代的到来，造价工程师们有点人人自危的感觉，仿佛这个职业要瞬间被取代、消亡，这样的传言络绎不绝。我们需要更加理智和冷静地来思考 BIM 对每个人未来的影响。对于工程造价咨询行业，BIM 技术将是一次颠覆性的革命，它将彻底改变工程造价行业的行为模式，给行业带来一轮洗牌。美国斯坦福大学整合设施工程中心（CIFE）根据 32 个项目总结了使用 BIM 技术的效果如下：

1）消除 40% 预算外变更。

2）造价估算耗费时间缩短 80%。

3）通过发现和解决冲突，合同价格降低 10%。

4）项目工期缩短 7%，及早实现投资回报。

对于造价咨询公司和工程师个人来说，前三项效果，无论达到哪一项都是一个在行业内立足的资本，更不必说同时达到三项。当少数咨询公司或者个人掌握 BIM 技术时，他们将成为行业内的佼佼者；当大多数咨询公司或个人掌握 BIM 技术时，那些没有掌握的公司或个人，将会被迅速淘汰出局。

首先 BIM 是一组软件，和 CAD 软件、广联达软件一样，都是软件，是工具。工程造价是有着上百年历史的专业。工具是无法取代专业的。比如 3D 效果图不是专业，而只是一项数据制作服务，所以会被取代。越是机械化的、基础性的劳动越容易被替代。CAD 软件的出现，把手工画图解放为大批量的计算机绘图。广联达软件的出现，把手工算量、计价这样工作量大的工作解放为更快速、更精准地计算工程量和计价。生产力效率和工具的提高，伴随着的是建筑市场爆发性的发展。所以，设计师和造价工程师职业并没有因为 CAD 和广联达的出现而被取代，BIM 也一样。

BIM 能够取代的是一部分工程量计算的工作。只要是项目的参与人员，无论是设计人员、施工人员，还是咨询公司或者业主，所有拿到这个 BIM 模型的人，得到的工程量都是一样的。这就意味着，工程造价咨询中的一个老大难问题——工程算量，将成为历史。而工程造价的实质是管理。对工程价值的管理，对工程时间的管理，对工程成本的一系列管理。管理的工作需要很多的和方方面面的人的协商和谈判，是一个不断变化的过程控制。计算工程量只是工程造价工作的一个组成部分。而 BIM 的出现只是提高了计算工程量的生产力，并没有办法取代造价工程师对整个工程项目的控制和管理。所以，BIM 技术真正会取代的也许是软件，所以现在广联达软件也迅速推出了 BIM 绘图和云服务。

BIMER 即 BIM 工程师的工作主要是建模。类似于打字员的工作。和工程造价行业并不冲突。掌握了工具并不是解决问题的关键，关键是要掌握正确的思考方式。BIM 对造价专业有一个极大的推动作用，能够将大量的、重复的、机械的算量工作交给机器去做。是否会被行业淘汰，并非取决于 BIM 的普及程度，而是取决于我们如何运用它省下时间。

下面将举例分析造价原理和个人时间管理。

所谓的低水平勤奋，用造价原理分析就是你在日常生活完成目标的过程中，大多数时间是损失时间而并非必需消耗时间。所以很多人看起来很努力，却没有任何成效，只感动了自己。

工程造价对工人的工作消耗时间进行了以下分类： 必需消耗时间和损失时间。 必需消耗时间分为有效工作时间、休息时间和不可避免中断时间。其中，有效工作时间又分为基本工作时间、辅助工作时间、准备与结束工作时间。损失时间分为多余和偶然时间、停工时间、违反劳动纪律损失时间。其中，停工时间又分为施工本身造成的停工时间、非施工本身造成的停工时间。

这其中，必需消耗时间是产出产品所必备的时间消耗。而损失时间则是我们所要避免和尽力减少的时间。

比如，你在追求一个喜欢的姑娘。那么通过陪伴姑娘、送礼物等方式来赢得女孩的好感，就属于有效工作时间中的基本工作时间。通过基本工作时间，能够改变你在女孩心里的位置，获得好感。而辅助工作时间则是指你在追求这个女孩的过程中为了顺利完成有效工作时间而做的辅助工作。比如，每天给女孩打电话就需要保证手机这个通信工具无故障，给手机充电、充话费等就是辅助工作。而准备与结束工作时间则是指在追求女孩过程中做的各种调研工作所消耗的时间。比如，要送女孩礼物就要研究女孩的喜好和过往经历以及品味。准备与结束工作时间和工作的内容有关，和工作量大小无关。工作内容越复杂则时间越长。比如，如果要达到同样的效果，为一个容易追求的女孩准备礼物就会比不容易追求的女孩要消耗的准备与结束工作时间长。

损失时间则是指你觉得自己很努力地对姑娘好，却事与愿违、缘木求鱼。明明兔子喜欢白菜，你却偏偏为它好天天给肉吃。这种就是多余工作，不能带来姑娘对你的好感，反而带来反感。

而我们在完成日常生活中的各种目标的时候，要做的就是尽量避免损失时间，在必需消耗时间里加大投入，从而摆脱看起来很努力的循环。

正确的做法是首先明确目标，如追求喜欢的女孩。然后弄清楚哪些是有效工作时间，哪些是多余工作时间。在有效工作时间上不断地加大投入。

同时及时复核反省，找到多余时间，避免多余时间，从而更好地完成对目标实现的控制。

10

如何用工程项目目标控制方法控制你的人生

控制是每个人的毕生追求。

“目标控制的类型分为两种：主动控制和被动控制。”

做目标控制的原因是为了降低风险带来的恐惧感。

恐惧来源于一种未知，而未知则意味着事情失控了或者你没有经历，零经验。事情失控的时候人就会恐慌，零经验的情况时间稍长就会迷惘，因为你不知道未来是什么情况，不知道下一秒有什么不好的事情发生。玩王者荣耀我死得特别快，原因就是我是“小白”，没有预测风险的能力，对方躲在草丛里的时候我就被“一招毙命”了。慢慢地我能预测到在哪里容易被杀死了，因为死的次数太多了。

而我们做出很多努力的目的就是为了避免这种恐惧。所以我们希望事情按照自己预测的方向去发展。我们希望人生平顺，平安喜乐。而生活的本质其实是失控。生活里有各种暗流灾祸，这本就是生活的常态。我们迷恋那些不变的事物，我们歌颂永恒，我们依恋不变的亲情，因为你知道过节不给妈妈送礼物，妈妈还是妈妈，而过节不给女朋友送礼物，女朋友可能就不是女朋友了。丹麦电影《狩猎》讲述的就是一句童言彻底毁灭了一个人的人生的故事。这种无法预测的因果联系和蝴蝶效应让我们总是有各种不安。

时间的本质是未知和变化，而生活中得到安全感的重要目标是对自己方向的掌控。工程造价的本质是对目标成本的控制，所做的努力都是为了把成本控制在初始的设定范围内。

所以就有了“目标控制”这门科学。我们试图靠自己最大的努力来创造最大可能性的心想事成、万事如意。

完成一个工程项目更需要一套完备的目标控制系统。因为我们太容易半途而废、太容易拖延、太容易偷懒，更何况还有那么多的下雨天、下雪天、大风天、高温天。倘若不进行目标控制，真不知道会有多少烂尾工程出现。这个住宅因为高温建不下去了，那个厂房因为严寒盖不完了……多数事情都需要时间的累积、打磨，需要挫折、辗转，需要面对突发状况。曲折前行本来就是事情发展的规律，对工程的成本控制也是一样。一个项目从买地立项做估算，到概算，招标预算，到施工，再到竣工结算，每一步都意味着各种不可控的风险。

怎样做好目标管理?

项目目标控制的方法主要有网络计划法、S 曲线法、香蕉曲线法、排列图法、因果分析图法、直方图法、控制图法。

桥水基金创始人雷伊·达里奥在《原则》这本书中写过个人及企业怎样完成目标控制的方法。它是主动控制的一种，即提前演练和推导事情将要发生的走向和遇到的问题，提前做出预警之后避免。而我们大多数人对目标控制的习惯方法是被动控制，即我们常说的“事后诸葛亮”，受到损失之后采取补救行为。更多的情况甚至是亡羊都不补牢，一个坑里摔倒就赖着不出来了。

虽然都是第一次做大人，也要慢慢学习和尝试新的不同本领。比如，控制自己，如目标控制。过程也许一点都不快乐。可是快乐也是一种值得控制和拥有的能力。

11

颜值即正义，工程师穿搭指南

包装要好看。

工程师按办公地点分两类：办公室商务类和工地搬砖类。此外，还有这两种随时切换类，办公室商务类得去工地踏勘现场，工地搬砖类也得回办公室跟甲方谈合同。

衣服的意义，一是保暖，二是社交。社交的含义比较广泛，比如你不说话，大家就通过穿衣风格来对你有个初步的认识。

（1）办公室

1）常见穿搭

①冲锋衣类：常出现在男士身上，一年四季有三个季节是冲锋衣（除了夏天）。冲锋衣 + 西裤、冲锋衣 + 运动裤、冲锋衣 + 一切……这种穿法实在是省心省力，但是真的不适合商务谈判。对面一个西装衬衣的对手，“冲锋衣”立刻显得没有分量。

②运动服类：男女兼有。多年前的我，穿着一身耐克去云南旅游，一起坐大巴的新西兰小伙问了我这样一个问题：“你穿着运动装是因为喜欢运动吗?”我有点无语，其实我只是觉得这身还挺好看。可是云南这种地方不应该穿着色彩斑斓的充满民族风的服装去玩吗？难怪被人质疑。而在办公室需要商务谈判的朋友一身运动装地坐在谈判席上也是有点奇怪。

2）推荐穿搭

①休闲西装衬衣类：在不出席正式的商务谈判的情况下，在办公室穿休闲西装加衬衣既不失灵动也拒绝了随意。既避免了正式西装的过于严肃，也不至于被误认

为是“卖保险”的。女士可以搭配款式各样的裙子，百褶裙、一步裙、长裙、短裙等。颜色可选纯色系，如咖啡色、卡其色、藏青色等。时尚女神光野桃曾说：“白衬衫是穿搭的不二之选。而珍珠耳钉又可以衬托出亚洲女性肤色和脸部的柔和。”

②出席正式谈判的场合适合穿正式一些的西装，尤其是外资公司业主的谈判项目。正式的服装可以代表你对这场谈判的重视和对谈判人员的尊重。

③避免有巨大醒目的商标的服装，这样你容易变成一个行走的商标。穿衣低调而有质感是工程师日常穿搭的一大原则。低调能让人感受到沉稳，而质感能让人知道你的品味和对生活的追求。

④避免颜色选择过多。一般一身穿搭不要超过三种颜色。红配绿这种反差感比较强的颜色如果不是有十足的把握应尽量避免。

女性要不要化妆？我的观点是日常化淡妆还是需要的。化妆和美是女性的权利和天性。一个妆容精致谈吐优雅的女性无论出现在什么样的场合都是受欢迎的。日常妆比较简单，BB霜打底、用眉笔稍微画画眉毛、涂上口红，10分钟的时间就可以神采奕奕地出门了。

在来上海之前我对日常化妆的认识并没有这么深刻。化妆完全是看心情。而一个城市的力量是会改变和影响生活在这个城市中的每一个人的。上海作为时尚之都，商场里、地铁上随处都可见妆容精致、服饰得体的女性。化妆是一种对周围人的礼仪，也是自己对生活的要求。

（2）工地

工地穿衣的基本要求：个人防护用品要齐全，安全帽、安全带、安全手套、安全鞋……这些是基本要求。安全是工地穿搭的基本原则，试想穿一双高跟鞋去工地，踩在泥泞的基坑边上或者走在高空脚手架上有多么危险。安全帽也是不管闷热还是沉重都必须戴着的，因为你永远不知道下一秒工地上会不会掉下来一个螺丝钉或者抬头的一瞬间会不会撞上凸出的钢筋……

在保障了安全的基础之上才能追求美观。另外，对于女工程师而言，还有性别保护的需求，比如不能穿裙子上工地，最好不要穿过于暴露的衣服，毕竟工地以男性群体为主，工地上工程师的着装就以简单、舒适而不失质感为主。平底鞋是工地踏勘的基本要求，最好是底子比较厚的平底鞋。因为工地上很可能稍有不注意就踩在钉子上。衣服以轻便为主，可以选择冲锋衣和运动装。

12

这些年我跳过的“大坑”

那些交过的学费。

1）永远别觉得自己什么都懂了。工作了很多年，每年几十个项目。做过酒店、精品住宅、仓库、厂房……反正你能想到的业态我都做过。但是最近做厂房很懵。因为烟厂、肉食加工厂、香料厂做下来，我仿佛可以变身化工学家了……当然，我肯定做不了。

2）多认真都是应该的。做了这个行业。每天都有点心惊胆战，几百条清单列下来，错一个数字就可能成千上百万元。一辈子都赚不来。

3）劳逸结合，身体也重要。不要累病了。

4）仔细看好每个清单格式。如果是做外资项目，还是外资 EPC 项目，你将看到各式各样的清单，一不小心就请君入“坑”。

5）别忽视立管。即使项目就三层高，一共 12m。但是如果面积够大，立管能占了一半的工程量。

6）无缝钢管、不锈钢管、镀锌钢管……都叫钢管，但是真的不是一种东西。

7）如果不按时间节点完成工作，那么很快就会失业。

8）没有最贵，只有更贵。

9）空调室外机和室内机的价格会相差近 10 倍。

10）你们看见的是楼房，看不见的是里面有多少人的辛勤工作。

11）图样和施工是两回事。

12）工程造价是以数据为基础的一场谈判，谈判的底牌是人心。每天都是“无间道”。课本上讲的是怎么把数字算准确，工作中是怎么把人心看透。

13）“屁股”决定立场，甲方、乙方、咨询方能就同一题目给出三个偏差很大的答案，还各有理由。工作中就没有绝对完美的数字。

14）习惯最终决定了职场高度，而并非理论知识。一个粗心大意就会毁终身。

15）很多事情，以一个技术人员的角色是掌控不了的。

16）书上讲的都是三大力学悬之又悬谜一样的理论，以为自己未来是科学家。工作中用的是加减乘除。

17）对“女汉子”有了深入浅出的深刻理解。

18）学了基础会计和施工技术，结果不是会计也不是农民工，是农民工 + 会计。

19）考试能力是很重要的能力。因为考试将伴你一生。

20）大学里没说毕业后该去工地、房地产公司还是事务所，而三者的工作性质千差万别。

21）这是个需要终身学习，即使不考试也要学习的专业。

22）每个项目都有自己的特性，每个设计院都有自己的风格，每张图样都有自己的“脾气”。

23）我以为我走过了很多的路，见过了足够多的图样，可是生活总是时不时甩一巴掌，告诉我我还嫩。

24）很多看起来值钱的地方钻不了空子，看起来不值钱的往往是施工单位赚钱的地方。

25）施工单位永远都说自己在赔钱做项目。

26）业态不同的项目会有各种不同，细节十分关键，轻“敌”者“死”。

27）身体好很重要，通宵加班、出差很平常。

28）设计院的鄙视做造价的，做造价的跟在做设计的后面改预算，号称他日做甲方，“虐”遍设计院。

29）几百几千万上亿元造价和你的工资关系不大，只是数字。

30）技术革新很快，课本已经跟不上了。

31）有些老师没有实际工作经验，只是照本宣科。

32）不是名校，一般本科，毕业的淘汰率很高。毕业等于失业也不奇怪。

33）为什么招聘单位要求有工作经验？因为，刚毕业其实你什么都做不好，就是“赔钱货”。

34）师傅爱教徒弟很少见，骂你不爱理你才正常。

35）北方和南方的工作风格差别挺大的。

36）工地上很苦。

37）地产公司造价人员欺负咨询公司造价人员，咨询公司造价人员欺负施工单位造价人员。

38）施工单位造价人员往往技术很好，眼光短浅。

39）英语对每个人都重要。认为不重要，说明你这辈子就这样了。

40）造价其实是服务行业。

41）地产公司合约部和工程部一般都是“死对头”。

42）和设计师比，理论差；和施工人员比，实际操作差。

43）造价属于工科。算钱的，对数字要敏感；要写报告，语文也不能差。

44）造价，制造价格。工料机测量，计算工程量。

45）整个行业素质偏低。

46）想做好，要求综合素质非常高。

47）很能锻炼一个人的品质，如耐心、逻辑性。但是多数人意识不到，逻辑和条理差得一塌糊涂。

48）雄性竞争很强的一个行业。很多时候是拼体力的。

49）很多地产公司不适合刚毕业的学生。

50）中铁、中建……别管哪个公司，工地工作人员，都一样苦。

51）工作中，电子版图样居多，对于算量而言，有点“坑爹”。

52）建筑业赚的都是血汗钱，哪个环节都辛苦。

53）“五大员”等证书对造价员找工作没什么用。

54）行业无大家。著名的建筑师、著名的钢琴家、著名的厨师……你听说过著名的造价工程师吗？

55）广联达已经快占领中国造价行业。不知道你的学校开了这门课没有？

第六章

做一个美好的建筑人

当今这个时代对一名优秀建筑工程师的要求越来越高，从学习能力到抗压能力，从专业技能到知识广度、深度。我们要与时俱进，我们要行走在行业的前沿，用自己的努力成为迎接新时代考验的建筑人。

01

写作的意义

写作是逻辑化思维最好的练习方式。

一定要开始学会论述，否则最后就会成为一个只会画图和算术的机器。如果不论述，就相当于将自己的未来拱手相让给别人，所以作为一个设计人员和造价人员，开始论述，陈述自己的观点，即使幼稚，也要逐渐开始。无论从事哪个行业的人，都需要努力用文字来表达自己的观点。一个工程师如果单纯的是个工程师，那么观点和见解就很难留给其他人。一个画家如果只是一个画家，那么图画的意义就只能靠后人去揣测。写作是一种把人类的思考输出、加工、记录的方式，也是自己和自己、自己和世界的一种沟通方式。写作和数学一样，也是一种思维体操。工程造价工作中写各种审计报告、写合同有通用的模板条款还好，可是也对文字词语的使用有很高的要求。

写作是和自己沟通的最佳途径。我们每个人也许坚定、也许彷徨，也许快乐、也许不安，累积了几十年的成长经验，写满了我们的过去并且无时无刻不引导着现在的我们，其实就是潜意识的力量。生活很多时候浮躁而忙碌，我们时常忘了自己内心真正想要的东西，常常把他人和社会的价值观强加于自己。走得太快，都来不及等一下灵魂。我从小学三年级开始，写了十几年的日记，和自己说话变成了一种习惯。用过的日记本摞起来已经比我还高，这些年来来回回地奔波，丢掉了很多。手上的几本放在角落的箱子里，不会轻易去翻动。里面记录了一个小女孩生活里点点滴滴的喜怒哀乐和大大小小的心事。哪年哪月，天气晴，天气阴，心情好，心情坏。自己就变成了自己的好朋友。把日记作为每天的回顾和复核。自己也就成为自己的一个教养者和监护人。

写作是和世界沟通的有效方式。从有了互联网开始，我们的生活疆域就从身边无限扩大，所谓地球村的概念也越来越成为共识。被看见和看见他人已经不像从前那样没有可能性。只要你有一个有趣懂得思考的灵魂，就能被这个世界发现。而写作是找到同行者的很好方式。造价工作一直都很枯燥并且充斥着各种琐事。有一天，我开始在网络上用文字分享自己工作和生活中遇到的事情。初衷是希望通过分享这些故事，能够使同样遇到困难和我一样不安、焦虑的人看到这个世界上有人和自己一样，和自己同在。

写作是对思考的输出、加工、记录。我们看过的书和电影有时候很难留下深刻的印象或者对我们有什么样的指导和改变。很多的念想会浮光掠影、转瞬即逝，或者简单地感慨一句："嗨，真好。"就翻过去。而当你把此刻的感动和所想写成文字时就是对这个时候思绪的一种逻辑性的思考和总结。我们对逻辑思考力普遍缺少练习和培养。而逻辑是判断一个人是否聪明的重要标准之一。一个逻辑清晰的人，才能在各种纷繁的观点和舆论中保持自己的认知和判断。而写作本身就是对思维的整理，也是对逻辑思维的一种有效的练习和强化。逻辑性更好的人，才能更有力量地在谈判中获得胜利。热播的节目《奇葩说》中，之所以观众的思路会跟着辩手的观点而变化，就在于正反双方辩手本身就具有很强的逻辑思考能力，可以迅速发现对方辩手的思维漏洞，从而击败对方。而在我们造价的日常工作中，也时常会遇到开会谈判的情况，这时候逻辑性强就十分关键。而写作是锻炼逻辑思考能力的有效方式。

写作是积累时间复利的一种有效方式。所谓的时间复利，指的是你在长期坚持做一件有利身心或者有益社会的事情的时候，每天哪怕坚持一点点，在这个过程中，你不但能获得自己最初想要的成果，还能得到其他的意外惊喜。比如，我们在跑步的过程中不仅锻炼了身体还加强了意志力。在拼乐高积木的时候不仅锻炼了观察和动手能力，还加强了自己的耐心和做事的规划能力。而在我们写作的过程中，不仅整理了我们的思绪还交到了更多的朋友，何乐而不为。

电影《朱莉与朱莉娅》讲述的就是写作改变生活的故事。法国一个普通的公务员朱莉娅，每天接听各种各样的投诉电话，每天充满了各种负能量无处排解。直到有一天她发现做美食这件事能发泄自己对生活的负面情绪。她开始每天按照朱莉写的菜谱做美食，并且把做美食的经验写在博客里。刚开始没人关注，而到最后电视台也来找她录制节目。

02

自媒体和个人 IP

在这个时代，你是谁?

“再小的个体，也有自己的品牌”是微信公众号的广告语。每个人都应该像一颗小星星一样散发属于自己的光芒。刚开始做“造价易友”公众号的时候，我是以分享造价专业技术为主，希望能够帮助更多和自己一样的人，并且自己也喜欢写文章和人分享的感觉。

什么事情刚开始的时候都是不太被看好的。 再伟大的梦想也不如傻瓜一样的坚持。在做这个小小的公众号的过程中，让我感受到了时间和坚持的意义，更加相信一点点的努力，也可以积少成多。不积跬步无以至千里，不积小流无以成江海。刚开始的时候和朋友打赌，朋友说：“像你这种小众专业的小众号，能有 300 人关注就是上限了。”并且满脸的不屑表情。后来我的号关注人数超过了 300 人。再见到这个朋友的时候他跟我说：“像你这种小众专业的小众号，超过 500 人关注就是上限了。”后来我的号关注人数超过了 500 人。然后到现在的几千人。一步一步，一点一点，虽然慢，但是无比坚定。

在这几年里我认识了很多朋友。 很多同行跟我分享他们在工作中开心的事情，工作中的困惑，讲自己的人生故事。有比我年长的人，有比我年轻的朋友，在世界的各个地方。陌生人之间传递着简单的感动。我也有一个人生活坚持不下去自己关在房间里抱头痛哭的时刻。这时候，很多生活中并不相识的朋友给了我很多帮助和鼓励。他们跟我说：“嗨，别怕。所有的不开心都是暂时的，一切都会过去。”所谓爱出者爱返，福往者福来。从来就没有白白付出的汗水和努力。感谢这样一个小平台，给了我那么多的友谊、感动和美好。

个人 IP

IP 最早指的是知识产权，个人 IP 更多指的是在专业领域有一定的积累，又拥有一定现实影响力的人（知识性 IP）。影响力的载体是形成个人品牌。《定位》一书中写到过，在欧美国家医生、律师、建筑师等行业都需要建立自己的个人品牌。可见个人品牌的建立对未来职业发展的重要意义。朋友讲了一个故事："宝马汽车大家都觉得好。那么宝马自行车的价格是不是上万元了，大家还是觉得好呢？假如宝马再出手表呢？是不是大家还是觉得好？"这就是品牌的力量。

个人 IP 需要长期的积累和持续的努力，也需要持续的高质量、专业化的输出。而持续高质量的输出是建立在大量的持续高质量的输入的基础上的。必须保证自己的输入大于输出。这里的输入是指专业方向的输入，可以是书籍、电影以及对专业的思考。

03

关于我经历的那场网络暴力

一个人的狂欢和一群人的孤独。

网络和生活之间的关系是什么？我们应该怎样在这样的网络生活中保护自己？在我遭遇了这场网络暴力之后，我开始思考这个问题。

吴伯凡在《孤独的狂欢——数字时代的交往》一书中预言过，互联网将改变人与人的交往模式，孤独是一个人的狂欢，而狂欢是一群人的孤独。在互联网世界里，我们似乎随时都能找到可以交流的朋友，而无时无刻又不是一个人孤独地生活着。这就是我们这代人，在数字时代面临的交往困惑。我们似乎再也不缺少沟通和友谊，而我们又无时无刻不感受着孤单。不知道什么时候，“从前慢”变成了过去时，见一个人再也不用翻过几座大山趟过几条大河，网络已经成了我们每个人生活的一部分，甚至比我们现实生活占据的时间份额还要多。网络给了我很多善意、很多美好和很多感动。直到我遭遇一场突如其来的网络暴力，我开始思考网络和我的现实生活之间的关系。网络之于我们到底意味着什么？

“网络暴力”一直不是我关注的事情。网络上对各种公众人士的攻击就像菜里面的盐分一样从来没有缺少过。只是当这样的事情突然发生在我身上的时候，才理解到网络是一把双刃剑。瞬间一些无中生有的事情就能全部强制地加载在一个人身上，突然席卷过来。

具体原因是由于我在知乎上做了知乎 Live，主要讲的内容也是工作以及生活，没想到却遭到某 V 攻击，突然出现了一群人，有组织、有计划、有分工地对我人身进行了持续半个月，并且波及我的联合主讲，一个聪明美好的小姑娘。

而我的联合主讲最终还是顶住了很大的压力，这一点我很感谢这个 20 岁出头小姑娘的勇气和对我的信任。经验知识的分享是每个人都可以去做的事情，而以这样的方式来竞争就很低级。

而我通过这件事情，也更清楚地认识到网络和生活的边界在哪。网络只是生活的一个组成部分，也就是没有网络的存在我们一样要很好地生活，网络绝非生活的全部。而遇到这样的网络暴力时应有的是冷静，该去寻求法律援助的时候诉求于法律，该沉默的时候予以沉默，该反击的时候给予还击。另外，没必要暴露太多的个人信息在网络上，太容易被人无事生非、无中生有。

面对网络暴力的个人力量显得十分弱小。这个时候也许可以远离网络，找几个好友聊聊天，然后笑着跟他们说："最近网上被喷的那个人是我，哈哈。"等到水落石出的时候，清清淡淡地说一句："我很好。"

04

造价人与咖啡、茶叶和酒

对酒当歌，人生几何？

某单位合约部招聘大学毕业生有这样一段话：“一要看是不是学生干部，不是的不要。二要看有没有挂科，有挂科的不要。三要看是不是建筑老八校，非老八校的不要。最重要的是面试的时候一定要问：‘酒量好不好？’不能喝酒的不要。”酒在我们国家历史悠久，在联络友情上有着重要的位置。做成本造价的人员有个基本的通用技能就是酒量好。但是职场里在不是必须喝酒的场合也可以采取其他一些方式，让自己从开始就不要喝酒，能不喝就不喝，尤其是女孩。

咖啡一直是我在人生前二十年不能理解的饮品。纯咖啡比浓茶还要苦，价格比一般的茶叶贵。这种又苦又贵的饮品的好处到底在哪？上学时最多喝喝速溶咖啡，功能只有一个就是提神。后来我到一家外资造价公司，公司提供咖啡机和牛奶、方糖，可以打奶泡想喝拿铁还是美式咖啡自己选择。几乎每个人都喝咖啡。刚开始是每天早晨喝一杯，后来居然成瘾，到现在还是每天早晨一杯咖啡。咖啡给人带来的最重要的是什么？是清醒。作为一个和数字、钱、合同风险条款打交道的造价人员，清醒是件十分重要的事情。咖啡能迅速让你从哈欠连天的困顿状态切换到清醒饱满的战斗状态。保持饱满的精力是职场上的每个人基本的要求，尤其对于我们这些频繁加班到深夜的造价人员而言。

如果咖啡像西药，那么茶叶就像中药，中药和西药的区别在于：药效一样，只是发挥作用的时间不一致。并且西药的副作用总是比中药大一点。同样都是有香气的饮品。茶的香气是树叶的香气，清新婉转；咖啡的香气是烘焙的香气，淳厚炽烈。一个带着东方的气息，一个带着西方的特色。咖啡在半小时内能让人清醒、斗志昂扬，茶则要慢慢地发挥效力。而对于养生而言茶叶则更好。我现在更接受茶叶。因为从身体到心理更追求一种平衡和平和，不是风浪式的大起大落，而是一种缓慢的生长。而茶给我的是这样一种缓慢、安宁的变化。

由于造价工作中有商务谈判的工作内容，会遇到各种甲方业主，各式各样的项目和合同，要在清醒和不清醒之间和气融融地谈好一件事情、一个项目，酒就是必不可少的道具，酒量也成了一种能力。我不大在这样的场合喝酒，但是私下里其实爱酒。每个国家甚至每个地域都有自己特产的酒也有自己独特的酒文化以及繁衍出的各种餐馆、酒吧、产业和故事。江浙地区有杨梅酒和米酒、黄酒；东北地区有高粱酒和桦树汁酒；西北宁夏有枸杞酒……每种酒都有不同的功能，但统一的功能就是能让人进入到不那么真切和清晰的时光里拥有片刻的放松或者坚定的勇气。

咖啡、茶、酒的共性是会让喜欢的人逐步加大剂量。刚开始喝咖啡的时候要加各种配料，加奶、糖、巧克力、咖啡伴侣……甚至奶和咖啡五五开各一半。于是也就有了各种口味的咖啡，不加奶也不加糖的美式咖啡，加奶的卡布奇诺，加巧克力的摩卡。茶也有各种配料，红茶加奶变成了港式奶茶，斯里兰卡人喜欢红茶加薄荷。酒的种类就更多，鸡尾酒是各种酒的混合，西班牙有种好喝的水果酒叫作桑格利亚。刚开始的时候我也喝加了很多糖和很多奶的咖啡，到后来变成了美式咖啡。喝茶也越来越重、越来越苦、越来越有味道。

一个人的成长一定是伴着自己对各种事物的认知和接受度不断拓展的过程。就像我在几年前还不能理解为什么有人真的喜欢咖啡，为什么有人真的喜欢酒。现在逐渐懂得，只是每个人在自己的人生里愿意注入的剂量不同，得到不同的结果。咖啡喝得太多会失眠，而酗酒则会贻误终身。重要的是明白自己需要多少，掌控自己的快乐。

05

是时候给自己一张世界地图了

一个人的格局是自己给自己的。

蔡康永在书中写过一段关于旅行和关于流浪的想法，有一段我一直很喜欢：

“1. 你不想流浪吗？

答：想。

2. 哪怕是一下下也好？

答：好。

3. 机会来了，就真的去流浪吗？

答：真的去。

4. 去哪里？

答：哪里都好，反正不好就早点回来。

5. 换什么身份？

答：看我遇上的我喜欢的人希望我是什么身份。对方希望我神秘，我就神秘。对方希望我蠢，我就蠢。

6. 万一没遇上喜欢的人呢？

答：那还算什么流浪？

7. 跟什么样的人做朋友？

答：跟我很不一样的人。我已经受够我自己了。

8. 变狡猾？还是变天真？

答：我变狡猾，会流浪得比较好。而我流浪得比较好的时候，就会变天真。

9. 流浪完了，要回来吗？还是……

答：会回来啊。一直流浪的话，流浪就会变成我要逃离的另一种生活了。”

刚毕业参加工作的时候，我在本子上认真地画过一张中国地图，然后去过一个地方就涂上颜色。那时候希望有朝一日能够把所有的版块都涂上颜色，走遍全国是我当时的理想。后来我离开家乡到了北京，再后来又离开北方到了南方。每年假期都会让自己去一些地方。慢慢地这张中国地图逐渐涂满了颜色。我跟自己说："是时候给自己一张世界地图了。"每次出行都是一次小小的挑战，会遇到很多情况，其实心里更多的不是喜悦而是害怕和紧张。对于一个自己在熟悉的城市都不想逛街的人来说，到陌生的城市和土地上更多的是害怕。可是为什么还是要推自己一把呢？为了扩大自己的人生疆域，思考的深度和广度。不到一个地方，永远都没有办法理解那个地方的人的思考方式和生活习俗。也就没有办法去更好地看懂一部剧，读懂一本书。感同身受这件事情有很多时候是要设身处地的。

就这样我渐渐从南到北几乎走遍了全国的几个省，发现周围有很多人在周游世界。可是还是觉得离自己有点遥远。后来看了许岑讲的一个故事："他在国外读研究生的时候有一个50多岁的男同学。许岑问他：'为什么来读书？'男同学答：'要找点事情做。'许岑说：'那可以周游世界啊。'男同学回答：'已经周游世界两圈了啊。'"之后就发现在你看来也许遥不可及的事情，对于其他人而言也许早已完成。做事情的第一步，是先有一个勇敢的想法。然后所有的事情都会朝这个理想而努力下去。

对于一个需要独立的个体而言，远行的意义是对自己负责的一种方式。只有努力去过很多的地方，才能遇到很多的人，看懂很多的生活方式，才不容易被一时的世俗所迷惑，才能更好地甄别哪种人是自己真正想在一起的人，什么样的生活才是自己真正想要的生活。只有把自己推向生活的各种磨砺之中，才能更好地明白心之所向，才能当机立断。

这次远行是到时差8小时、飞行13个小时、9000千米外的伦敦。那里和我熟悉的城市、风土、人群相差一定很大。那里的气候是阴霾还是阳光万里？英国整个国家只有6000多万人口，而我出生的一个小城市人口已经过千万人了。也就是说，6个我家那样的城市的人口量就能抵一个英国了。我已经努力地去做准备了，只是不清楚未来是不是还有很多的未知。我不喜欢未知，未知意味着有失控的可能性，而未知同时也有惊喜的可能性。只是，我还是努力地希望生活里的喜和忧都可控可见。

上海的秋天就是一场雨一阵风一点点地带来的，告别的时候会有莫名的情绪。像我离开家乡到北京的时候和离开北方到南方的时候，现在是要离开我熟悉的土地，到另外一个遥远的地方。这种情绪和现在的天气很像，下雨和寒冷以及不可预测。

就要去徐志摩给林徽因写情诗的康桥了；就要去拍摄《唐顿庄园》的地方了；就要看到伦敦塔和伦敦眼了；就要去看催生工料测量师这个行业的威斯敏斯特宫了……

希望我喜欢和喜欢我的人，都一切平顺，平安喜乐。

希望每个人都未来可期，有岁月可回头。

我还在小心翼翼地期待属于我的未来，大的、小的，快乐的和不快乐的。

旅行的意义是什么？问了一个在欧洲流浪了四个月的朋友，她说她收获的是少了很多恐惧、限制和欲望。是啊，去西藏之前很多人会跟你讲恐怖的高原反应，以及各种不安全，可是你去了之后呢？高原反应并没有发生，遇到的是善良而热情的藏民，我甚至到拉萨的藏民家里吃了半个下午的牦牛肉，喝了藏民手工做的酥油茶。他家上小学学汉语的女儿是我们之间的翻译，电视上一遍遍地放着藏区的歌舞表演。去台湾之前很多人会跟你讲旅行大巴翻车的危险……可是去了之后呢？有那么多好吃的小吃，遇到那么多友善的朋友，骑着小摩托车在花莲海边兜风看不一样颜色的海。去英国之前也会担心语言的障碍。可是去了之后呢？不一样还是遇到了很多帮助你的朋友？

旅行能够让你更客观地认识世界。我们总是习惯性地放大危险。对危险的预估是有意义的，做出防范也是必要的。只是无限地放大危险，而错过了很多生命里的美好就得不偿失了。何况很多时候我们只是自己吓自己，给自己设置了很多不存在的障碍。有些事情，我们不设身处地地去经历和面对，是没有办法从书本里完全感知的。不去英国连续吃几天薯条汉堡，没办法体会美剧、英剧里吃饭的情节是什么样的；不去台湾和当地人接触，没办法理解台湾电影里男生女生说话软糯的状态本就是天生的。有时候只有把自己“扔”出去，才能体会到那些书本里写的和剧里演绎的人生是怎样的真实。

对于一个从事建筑相关行业的人而言，世界旅行的意义也有助于对建筑行业本身更深入的理解和热爱。在欧洲推行建筑城市化进程一个多世纪之后的今天，在上海这样的城市感受到的更多的是很像美国的大都市，一座座披着幕墙的成片的超高层建筑。日本设计师隈研吾说："中国建筑充斥着对美国设计20世纪80年代超高层建筑的复制。"外滩很像香港的维多利亚港，而武汉的渡口长江边又像极了上海的外滩。北京建了水立方和鸟巢之后，全国各个城市又出现了多个鸟巢和水立方的仿制品。坐在高铁上，穿行于一个一个城市之中，仿佛进入了建筑的沙漠，满眼四四方方的住宅建筑密密麻麻地林立在火车窗外视线可及的地方。看着这样的建筑，你不知道自己身处什么地方，也没有办法欣赏窗外的景象，一切枯燥而程序化，一切都被突然凝固的混凝土材料占领。

然而建筑本身就是生活和历史不可或缺的一部分。每个地方都有自己的风土人情和建筑特色。只有走到那个地方看到和触摸到那里的建筑，才能感受到建筑的魅力。去一个不同的城市，观察人群的肤色、神采、穿着；观察城市光影和建筑之间的关系；观察人群是怎样和阳光通过建筑达成互动……

很多时候我们觉得生命里有很多事情没有做好准备，其实只是还缺少一点勇气。给自己买一本《孤独星球》，在心里画一张世界地图，慢慢上路吧。也许你也受够了一样的自己，需要看看自己的另一面。

出国旅行的一些必要小贴士：

1）饮食要做好心理准备，迎接各种奇怪口味的日常主食。实在不行还是吃肯德基和麦当劳吧。

2）英语：义务教育水平基本够用。基本的问路、找酒店、购物、吃饭，我们的口语基本够用了。

一些有用的APP：

1）BOOKING（缤客）：订酒店。酒店还是要提前预订的，我在剑桥定的康河边的酒店，提前一天预订比当天到店价格便宜一半。青年旅馆和经济型酒店都可以选择尝试。如果你从来没住过青年旅馆也失去了旅行的一大体验。

2）爱迎彼：订民宿。订民宿的好处是好的民宿可以做饭，能够给你家一样的体验；缺点是位置也许没有酒店便利。

3）穷游锦囊：提供全方位的城市介绍，包括吃穿住行。即使不去，看看也很涨知识。

4）谷歌地图：出门在外全靠它找位置了。和刚到北京的感觉差不多。

5）谷歌翻译：关键时刻用它查查英语单词。

6）当地的地铁和火车 APP：提前查好交通运行的时间和价格以及路线。

06

做一个美好的建筑人

建筑行业每个人的使命。

在尘土飞扬的基坑里晒过太阳，在北京的办公室里通宵加班看过日出，在一百多米没有竣工的高层楼顶俯瞰过城市的夜景……因为加班太多哭过，因为被欺负哭过，因为被业主斥责哭过，因为做不好 Excel 表格也哭过……跟设计师吵架，跟施工单位吵架，跟业主也吵架……逐渐地变成一个越来越安宁的人。心平气和地加班尽力提高效率，心平气和地面对各种不公。

每个人都有自己的责任，对自我价值实践的责任、对家庭朋友的责任、对整个社会的责任。作为一个建筑人，身处我国经济转型、建筑行业转型的大潮中，我们每个人都必须直面自己的历史责任和行业责任。要学习和自己和解，和世界握手言和。

我一直是个胆小和爱哭的人。但还是一个人坚定地离开了家乡，离开了北方。一直害怕一个人真正的独处，有时一个人在家过周末会闷在床上看天花板，像绝望地等待世界末日。直到把自己“扔”到完全陌生的地方待了十天之后，每天思考出行的计划，坐什么车，住什么酒店，吃什么食物，看什么景色，慢慢开始喜欢一个人的状态。在剑桥的时候，我住在徐志摩写《再别康桥》的康河边上，那天的阳光很好，我有一点小感冒，隔着 8 小时的时差跟我最爱的小学语文老师聊了很久。我给她发了个定位，然后告诉她我在剑桥大学。感谢她当年给我讲徐志摩的故事，教我徐志摩的《再别康桥》，后来这首诗变成我参加朗诵比赛的保留节目。感谢她当年在毕业留言册上写“希望我能成为一个单刀直入和当机立断的人”。她知道我一个人旅行有点小担心，然后说为我开心。她教了我三年，我感恩她一辈子，能让自己感恩的人欣慰我觉得特别满足，打开窗帘看到康河的水光滟涟。一个人有时候是生活的常态，世界那么大，有什么可怕的。离开家乡去北京的时候，先告诉爸爸，没告诉妈妈。离开北方到南方的时候，先告诉爸爸，没告诉妈妈。决定英国自由行的时候，先告诉爸爸，没告诉妈妈。妈妈爱担心爱发脾气。我知道爸爸也担心我，但我知道他知道我能做好。爸爸很多时候都是在鼓励我。从英国平安回来之后，爸爸才松了口气。他跟我说："去见见世面挺好，珍惜现在的生活。"爸爸很少跟我讲太多的大道理。我知道他是真的在为我慢慢掌控生活的局面而开心。

到底应该在哪生活？到底该单身还是该结婚？到底是去工地还是找一家公司？这些是每个年轻人成长中都必须面对的问题。而这些问题本来就没有统一的标准和答案。唯一的答案是你开心、你喜欢。你喜欢故乡的亲切安宁，那么就可以选择留在家乡。喜欢大城市的变化和繁华，也可以选择大城市。觉得有人陪伴生活得更快乐，就找到喜欢的人步入婚姻。认为单身更自由简单，那么就一个人活出精彩。喜欢在工地上看着一座座建筑平地而起，那么就在工地上体验那种成就感；喜欢在办公室里完成一份份文本、计算一组组数据，那么就在办公室里做好办公室的工作……人生本来就是多选题，开放式答案。重要的是在每次回首的时候，都为现在而感到安好圆满。

为什么要有未来可期，无岁月可回头？前半句容易理解，对未来有好的期待总是件美好的事情。可是，对于后半句，我一直觉得有岁月可回头是件好事情。甚至从老家出来的时候，我还在想，实在不行再回家吧。可是人的想法总是在改变。过去的时光，分手的恋人，既然再见了，那么就向前看往前走吧。一个朋友跟我说："一个人这辈子如果只回忆自己二十几岁时的事情，那么说明他后面的人生都没有意义。"这句话也就解释了无岁月可回头吧。未来的总是美好的。你的 30 岁比 20 岁更美好更快乐，也就不会回头看 20 岁的自己了，拉着当年的青春勇气和快乐怎样都不舍得放手。希望你越来越外向也越来越懂得向前看不回头。